愿你在内卷时代，过上自由人生。

余生很贵，
努力活成自己
想要的样子

无　戒

杜培培

著

做一件事,其实根本不需要靠所谓的自律,

更多的是靠自己的热爱。

当你满心满眼只有一件事,

那么,做这件事本身就是非常愉悦的过程。

读一本新的书,

看一部新的电影,

见一个新的人,

听一个新的观点,

做一份新的工作,

尝试一件新的事,

培养一个新的爱好……

都会让你和这个世界产生新的碰撞。

而碰撞,能够激发你的创造力和想象力。

爱好止步于"入门",

兴趣停留于"艰难",

这纯粹是轻轻浅浅的喜欢,

根本不是真正的热爱。

真正的热爱是深入的,

是饱满的,

是充满探索勇气的。

独处的时候做什么?

你可以买一捧鲜切花,品味它的芳香四溢;

你可以买一些自己喜欢的食材,做一个人吃的热腾腾的小火锅;

你可以信步踏入美术馆,沉浸在艺术的熏陶中;

你可以在公园里,触摸一棵茂盛的大树,听听温柔的风声;

你可以在湖边漫步,看夕阳余晖洒落水面,看天上倦鸟归林……

你习惯了每天给他两颗糖,

他也习惯了每天接受两颗糖。

而偶然一天,

你只给了他一颗糖,

他生气地指责说:"为什么少了一颗糖?"

你敢不敢鼓起勇气问:"为什么你从不给我一颗糖?"

当你把爱情当成唯一的时候,

你就失去了自己。

缺点就像女孩脸上的小雀斑，

在不喜欢她的人眼里，

雀斑是丑陋的，

但在喜欢她的人眼里，

雀斑是调皮可爱的。

当你不再寻求他人认可的时候,

也就不再受他人评价的干扰。

一个人变得成熟的标志是,

不再试图从外界寻求鼓励、认可与肯定。

爱不是感天动地的自我牺牲，

爱是尊重与平等。

爱不是低到尘埃里的瑟缩卑微，

爱是自信与自重。

恋爱中，你越感到匮乏，就越过分在意，

越渴望从对方身上得到什么，也越容易患得患失。

你以为青春是肆意挥洒,

其实青春应该是蓄力成长;

你以为青春是尽情挥霍,

其实青春应该是拔节向上;

你以为青春是一群人喧嚣地嬉闹,

其实青春应该是一个人静默地前进。

我想要趁着年轻热气腾腾地活一次,

我想要听听其他国度的语言,

我想要体验这个世界不同的生活方式。

我不想像被圈在方寸之间的动物一样,

我不想这一生没有见过世界就老去,

我不想以后想起年轻全是悔恨之事。

我想要自由——

想做什么就做什么的自由、

不想做什么就不做什么的自由。

目录
CONTENTS

序言　陪你一起面对人生

01　顶级的自律，就是极致的热爱　　　001

02　在不确定的时代，寻找确定的未来　　015

03　热爱从来不是三分钟热度　　　　　　027

04　你懂那么多道理，为何还过不好这一生？　037

05　越是不爱自己，越是没人爱你　　　　049

06　你以为身处时代前沿，其实被困在信息泥潭　067

07　痛苦的原因，是你对痛苦上瘾　　　　081

08　成年人的人脉，往往拼的是实力　　　091

09　反内卷，不过是懒惰的一种伪装　　　101

10　把事做到极致，是普通人最好的出路　109

11　独处，是一个人最昂贵的自由　　　　121

12　别拿你的低情商，当成你的真性情　　131

13　不要让别人的嘴巴，定义你的人生　　141

14　弱者抱怨黑暗，强者提灯前行　　151

15　你爱的人和爱你的人怎么选？选自己！　　161

16　大多数人之所以焦虑，是因为没有目标　　173

17　对自己狠一点，才能让自己变得更好　　185

18　困难远没有你想象的可怕　　195

后记　你拿什么献给饱含热泪的生活？

序言

陪你一起面对人生

梁实秋先生在晚年感叹："人一出生，死期已定，这是怎样的悲伤，我问天，天不语。"

尽兴了，最终会死；不尽兴，最终也会死。唯一的区别是，尽兴了，能够心无遗憾地离去，不尽兴，则会不满足地离开。那为何不在活着的时候尽兴呢？

希望你永远有快乐折腾的勇气，也希望你永远有说"不"的勇气，更希望你无论何时何地，都可以问心无愧地说："我来过，我愿意。"

人生如登楼，一层比一层艰难，一层比一层孤独。

希望这本书能陪你一起面对人生。

第一层 认知

生命的成长和超越，来自清晰的自我认知，而认知是分阶段的。

问自己："此时此刻，我在哪里？"

第一个阶段，不知道自己不知道——以为自己无所不知，自以为是的认知状态。

第二个阶段，知道自己不知道——对未知领域充满敬畏，看到自己的差距与不足，开始有方向地求索与积累。

第三个阶段，知道自己知道——终于走出了自己的道路，看到前方探索的边界，轻轻一叹："原来是这样。"

第四个阶段，不知道自己知道——理解了世事的变幻莫测，变得开阔而包容，发自内心地谦逊和坦诚，淡淡一笑："也可能是那样。"

诺贝尔文学奖获得者加缪说："只要我还一直读书，我就能够一直理解自己的痛苦，一直与自己的无知、狭隘、偏见、阴暗见招拆招。很多人说和自己握手言和，我不要做这样的人，我要拿石头打磨我这块石头。我会一直读书，一直痛苦，一直爱着从痛苦荒芜里生出来的喜悦，乘兴而来，尽兴而归。在一生中，这是很难得的一件事。"

读到这里的你，恰好处于第一段和第二段的交界线上。告别了过去不知无知的状态，即将开启已知而无知的状态。

你即将走向黑夜，也即将寻到光明。

将你的头脑打开，让更多的光芒进入，落到知行合一处。

第二层 自救

当我们有清晰的认知后，要时时用熔断能力救自己于水火。

电路过载，保险丝会熔断；我们的人生过载，为什么不用熔断能力呢？

当你发现身边的人不合适、自己在做的事情是错的、某个长久的习惯不太好、当下的状态不够满意，就可以启动熔断能力，离开不合适的人，停下错误的事，改掉坏习惯，调整好自己的状态。

和不合适的人做错误的事，这不是在消耗自己的人生吗？

不要拖泥带水，不要犹豫不决，一个小错误往往酝酿着严重的失误，何必在看到恶果之后才幡然醒悟，悔不当初？

不要留恋泥潭，因为泥潭只会让你窒息。

坚定地启动熔断能力，离开泥潭，救自己于危难当中。

第三层 困境

生命的真相往往是——人永远处于困境之中。

你的困境里，藏着你的解决方案。

当你遇到困难时，第一反应是什么？沮丧？难过？很多人卡在了困境中，实则是困在了自己的各种负面情绪里。

困难其实是礼物，是一面镜子，如实反映你的弱项，带你认识自己。

当你被困难绊住时，请低头看看，你的卡点是什么？如何去突破？

不知你有没有想过，这个困境就是为了让你突破自己的卡点而设置的。如果困境不显现，你就没有对自己的弱项进行反思和加强训练的机会。

人生的每一次捷径都是歧途。如果你十年前绕过了一个困难；十年后，你依然会被这个困难阻碍。

所以，当困境显现，你可以尝试以感恩的心态面对。因为这是上天让你看到自己卡点的机会，突破它，你就打开了新的大门。

所有的卡点都会一而再再而三地重复显现。终其一生，你其实只是困在某几个卡点中。

有的卡点重复出现在你的二十岁、三十岁、四十岁、五十岁……那为什么不在二十岁就解决它呢？反思一下，重复绊住你前行脚步的人生卡点是哪个呢？

趁年轻，快解决。

勿使它重复在此后的岁岁年年中。

第四层 机遇

机遇向来与困境同行。

阻碍里往往隐藏着不为人知的机会。

你站在旷野之中，面前出现了一条路，路中间有一块石头。有人觉得石头阻挡前进，有人却可以攀上此石，成就高度。

这就是机遇，有人走出了自己的路。

旷野之上，除了眼前这条有石头的路，还隐藏着千千万万条不那么明显的路。每一条路，都需要对应的认知才能显现。

你看不见的路，不代表不存在，只是你的认知还没达到而已。那些解锁了高认知的人，走在另一个维度的路上。

随着认知提升，你就能看到一条设置了阻碍的路。这其实是人生奖励给你的礼物。遗憾的是，有些人见此，就绕道走开了。

别绕道，不要错过"礼物"。

如果你看不到困难，那你就看不到机会；如果你能看到并解决困难，你就找到了属于自己的机遇。

低认知的人，理所当然地认为全世界所有的路都是通畅的路，如遇阻碍，此路即绝境。

高认知的人，把有阻碍的路当成某种机遇，并且积极探索那些隐形的路。

你看不到的困难才是真困难，你看得到的困难都是"礼物"。

希望你爱上自己的"礼物"。

第五层 遗憾

期待与现实的距离，叫遗憾。

人之于遗憾而追恨，叫后悔。

人生注定有遗憾，但我不许你后悔。

因为后悔、遗憾、懊恼是情绪的毒药，是会形成习惯的。当你有了这个习惯后，会不自觉地对每天发生的事情感到后悔，那你哪里还有时间前进？

你可以用理性的思维对过去发生的事情复盘，但不要在感性层面上沉溺于此。因为当下你有更重要的事情，那就是重新起航。

别让自己沉溺于过去而耽误了重新起航的时机。

后悔又能怎么样呢？

把过去的大山从自己的肩头卸下，轻轻松松奔赴崭新的未来。

第六层 循环

一日三餐，一年四季，生死相衔，命运来去，人生的第六层是循环。

审视自己处于什么样的循环当中，是正向的人生循环，还是负向的人生循环。

有些人的生活是上升的，越来越好，每天都有源源不断的好事发生，总有贵人出现；有些人的生活是直线向下的，越来越糟糕，天天有数不清的坏事坏人出现。

这两种人处于不同的循环当中，前一种人处于正向循环，后一种人处于负向循环。

生命里的某件事不会只发生一次，往往是同一类事无数次重复。

不管是有意识还是无意识，你每天做的事情，都处于循环中。你处于什么样的循环当中，就会重复感知到什么样的事情。

一件好事发生，预示着这件事会以微弱版或加强版的力量，发生100次、1000次，因为你触发了美好循环的机制。

一件坏事发生，也预示着这件事会以微弱版或加强版的力量，发生100次、1000次，因为你触发了糟糕循环的机制。

很多人跳脱不出循环，就是因为他没有触碰到循环背后的机制。

请重新设计你的一生、你的一年、你的一日，你的三餐与四季。

再微弱的力，也是有方向的。想一想，你今天发的力，是正向的还是负向的呢？

第七层 因果

到了第七层，我想要和你探因果，做智者。

人类对未知的好奇，其实都是对那忽隐忽现的因果的探求。

我们当下做的每一件事，其实都是一粒粒微弱的种子。

将一粒种子置于宏大的生命长河里，自然微不足道。

但若是把人生这条长线轻轻抖开，也无非散落成千千万万粒细细密密的种子。

从过往看现在，就会发现，每个看起来无足轻重的种子的形状、大小和排布方式，全然决定了我们如今人生的走向。

随意改动其中一粒种子，你也不会是今天的你。

如果真有平行宇宙，那么你在千千万万个平行宇宙里的人生有千千万万种不同，也仅仅是因为某些种子改变了而已。

你今天认识某个人、说出某句话、做过某件事，以及你此刻在读这本书，都是一粒粒微小的种子。你觉得重要吗？

一件事情是否重要，向来是我们回头看才能确定的。

当我们立于岁月长河之中，望向遥远的过去，粼波闪闪的水面上，荡漾出一圈圈命运的涟漪，我们能清晰地看到，过去做的哪些事情，成了现在生活的关键前提。

选好你的果，种好你的因。

命运，其实就发生在此时此刻。

第八层 命运

终于，我们仰望命运。

若你问我命运究竟是什么，我无可言说。

窗外的夜空在宇宙里游荡，群星在闪耀。

究竟有没有命运？究竟命运有没有定数？

我曾写过许许多多篇小说，但没有一次，小说的主人公走向我既定的命运。

于是我由衷地开心，造物主不是万能的，命运或许也不是。

你想要书写怎样的人生结局，现在就可以提前写好，朝着那个方向努力。无论其间遇到什么艰难困苦，无论最后实际上是怎样的结局，都不重要。

没有过不去的坎，也没有彻头彻尾的失败。实现自我的路上，全是失败积累的经验。这些苦难，都是你日后有成时，轻描淡写说与人听的素材。

大胆踏过去，终将战而胜之。

真正重要的，是其间的过程。

它叫人生。

第九层 人生

无论命运的伟力如何宏大，我们的人生仍值得一过。

值得，是因为真正深刻地认知到人生是动态的而不是静态的，并且按照这个理解来行动。

这句话看似很好理解，但并没有多少人真的懂。

有些人总是在否定自己，想着这辈子也就这样了，不可能再好了，别人的美好生活是别人的，与己无关。这就是在心理层面给自己的人生判定了静态。其实，即使发生了再不好的事情，你也要知道，它不会毁了你的整个人生，它只是你漫长人生中的一个小小节点而已。

你依然可以走向下一个节点。

你要用动态让人生勇敢地穿行在命运的河流中。

去感知、去尊重人生的流动性与曲折性。

流动的、曲折的，是节奏，是音乐，是美。

愿你此生，内心光明净洁不受外染，历忧患不被伤。

01

顶级的自律，就是极致的热爱

做一件事，其实不需要靠所谓的自律，
更多的是靠自己的热爱。
当你满心满眼只有一件事，
那么，做这件事本身就是非常愉悦的过程。
凡是让你朝思暮想的，你都会主动去做；
凡是让你怨声载道的，你都会十分抗拒。
只有热爱，才有动力，才能坚韧。

1

"早安,这是我早起的第 300 天。晚上要和多年未见的同学聚会,好期待哇。"文案后面配了一个小太阳表情。凌晨五点,小琪在朋友圈更新了早安日签。

往前翻了翻,发现她彻底变了。

她的朋友圈非常文艺,大致分为两类。一类是每天五点的早安签到,配一句励志语录;另一类是读书照片,氛围很美,文案走心,一张张图片划过去,全是经典。

在我的印象中,小琪是高中宿舍最晚起的人。她经常啃着面包,踩着上课铃声,头发凌乱,慌里慌张地出现在教室门口。有时候,她上课还会打瞌睡,趴在桌子上与周公约会。当然,也被老师一个粉笔头给砸醒过。周末,别人都沉迷于高考模拟试卷中不能自拔,她却瞒天过海,跑到网吧玩游戏。

高中毕业十年，班长安排了一场聚会。如今大家天南海北，聚在一起，实在太难了。

我笑着说："士别三日，当刮目相看啊。想不到小琪当年宿舍最晚起，现在最励志哇，还变身阅读狂魔，一个月读的书比别人一年读的都多。"

"就是啊，小琪现在怎么这么厉害呢？我这辈子只有临高考一百天内五点起过床……"

"可不只是一天啊，我看朋友圈，每天都是雷打不动的，这意志力无敌了！啥也不说了，来喝一杯……"

老同学们纷纷赞叹。小琪捋了捋耳边的头发，不好意思地笑着回应道："也没什么，习惯成自然。"

聚完了第一场，我和小琪还有阿静开了第二场。多年不见的室友相遇，想多叙叙旧。

晚上十点，打开手机，发现小琪又更新了朋友圈——三张书籍内页图，配文写道："正在看《霍乱时期的爱情》，又是为伟大爱情感慨的一天。周日的晚上，也要静心阅读呀。"

底下有共同认识的朋友评论说："周末读书，这也太自律了吧，佩服得五体投地。"

抬头一看，小琪端着酒杯，正喝得醉眼蒙胧，一头倒在桌上睡着了。

我一脸疑惑地让阿静看她的朋友圈。

阿静笑着摆摆手说："别看那些，都是糊弄人的。她年纪也不小了，

003

家里在催婚。但她看上的人,人家看不上她。这不,参加了一个什么早起打卡群,每天跟着大家打卡朋友圈,想要增加个人魅力。其实呀,她还是打游戏熬到半夜三点。定了早上五点的闹钟,准点发圈,然后就睡回笼觉。办了一张借书卡,每月借几本,拍拍照,就还回去了。所谓阅读,可能只是读了书名。现在不是流行自律吗?她赶赶潮流而已,可能相亲时会加分吧。"

阿静和小琪在一个城市,平时联系多,当然比我更清楚。

第二天早晨五点,小琪如约又更新了朋友圈:"早安,这是我早起的第 301 天。元气满满开启新的一天。"

我默默点了一个赞,就关掉了。

深夜疯狂打游戏时暂停五分钟,发个美好的阅读文案,接着继续升级装备打怪;凌晨五点闹钟响起,发个早安打卡,接着继续闷头睡到上班快迟到。收到别人赞许的评论,云淡风轻地回复"习惯了",仿佛自己真是一个十足优秀的人。

在两种相反的状态中无缝转换,劳心费力,除了自我欺骗,真的有意义吗?

要么你就彻底躺平,接纳平凡的自己,少干点事,多睡会儿觉,最起码还享受了松弛的喜悦;要么你就栉风沐雨向前冲,真刀真枪做些实事,拿到像样的结果,也算不枉这一生。

非得向那些并不真正关心你的人证明自己没躺平,非得上赶着向群里的陌生人炫耀自己实际并不存在的努力,非得让这个世界知道自己并不是颓废和堕落的，到底图什么呢？

比躺平更糟糕的是伪自律。

说白了，这就是一种营造体面自我的形式主义。舍不得放弃别人的赞美，也舍不得付出真正的代价，只想白得一个好名声。

天天起早贪黑，好像日理万机，忙得不行。仔细一想，啥也没干。竹篮打水虽是一场空，还能让篮子越洗越净呢，伪装自律则净是自己瞎折腾。没有得到躺平的轻松，也没有得到自律的成绩，两头摇摆，举棋不定，费了时间，还没成果。

不知从什么时候起，朋友圈不再真实了。

以前还能看到真实的日常生活和各种情绪的流动，有情场失意、为伊消得人憔悴，也有职场得意、一日看尽长安花，还有很多鸡毛蒜皮鸡飞狗跳的事。

但现在，除了铺天盖地的各种营销广告，有些人的朋友圈只剩清一色的努力勤奋和自律发言。好像不这样做，就要被轰隆隆前进的时代列车抛下了。

以前真实得千差万别，现在"美好"得千篇一律。

在网络平台输入"自律"二字，闪现一众神似图文：

"自律一年，我变成了大家羡慕的样子。"

"25岁自律上瘾，踏上人生开挂之路。"

"自律清单——摆烂女孩的自我救赎指南。"

"高度自律，疯狂前进，无所畏惧。"

"无痛自律一年，我的人生变得更美好。"

……

大家清一色过着清心寡欲的读书早起运动生活，连有些配图都一模一样，只是换了滤镜和文案而已。

自律究竟是什么？

是在思想层面上想做一件事，却无法在行动上跟进而产生的一种自我内心约束。试想一下，如果你想做什么就立刻行动，那还需要自律吗？当然是不需要。

在启动自律之前，需要极力克制那些负面因素，比如懒惰，比如焦虑，比如拖延。要杀死这些顽固的负能量，就需要对抗，需要消耗身上的正向能量。

因此，在实现自律之后，能量已被消磨了一部分。所剩下的用来做事的能量，是打了折扣的。而在做事的过程中，还需要生发出额外的力量，时不时去镇压心头如地鼠般冒起的惰性。这样做事，效率能高吗？

自律对于某些人来说，是一种展示，把自我包装成美好的样子，呈现给外界。频繁展现自己很自律的人，就像动物园里的一只花孔雀，精神抖擞地舒展着五彩缤纷的羽毛，慢悠悠地转着圈踱步，神色怡然地享受着四周观众的掌声——"看，我多自律啊！"

这一行为，隐含了炫耀的目的以及对别人赞美的期待。有了这样的功利心，就无法专注于所做的事，总是三心二意。如果短时间内得不到很好的结果，就感觉自己白白浪费了时间，感到焦虑和急躁，甚至觉得还不如不付出努力。

自律是约束，是克己，是自我压制，向内憋气。想象把弹簧使劲向下压，压向底部，到达极限时，在你松手的那一刻，弹簧便会强力反弹。你按压的力量越强，反弹的力度也越强。

这就是为什么很多自律的人在高强度的工作或学习后，会产生阶段性的颓废和放纵。这是一种补偿心理，之前强制性不让自己吃糖，那么之后可能会报复性吃甜食。

2

天天宣传自己有多自律的人，不见得真是行动派，因为他的注意力聚焦在别人对他的评价上——自己到底精进了多少，有什么好在意的？别人以为我更优秀了，才是最重要的嘛。

那些默默无闻埋头赶路的，才是雷厉风行的行动派。

我的前同事柳姑娘，体重和姓氏形成了巨大反差，根本不是垂柳般的苗条型。她长期熬夜加班，天天夜宵加零食，体重比工资长得快，还会被同事调侃称"胖胖"。柳姑娘说自己心宽体胖，根本不介意外号，名字总归是个虚称罢了。

前不久，柳姑娘发来了请帖，要结婚了。这场婚礼，就是大型震惊现场。那个曾经最爱喊柳姑娘为"胖胖"的男同事，一脸不可置信地嘀咕："这是一个人吗？不可能吧。"

她已经从微胖瘦成了闪电。不，也不能简单称之为瘦。杨柳细腰，曼妙身姿，均匀有致，堪称完美。

我生平最佩服两种人：一是分手迅速，从不悲天恸地、拖泥带水的，二是下定决心减肥就能言出即行、一举成功的。柳姑娘无疑是第二种。

婚礼结束后，我们一众人换个地方又聚了一场。我特别好奇地问柳姑娘："你怎么这么有毅力？"

原来，她长期加班后突然生了病。医生除了开药，还特别嘱咐她要运动。身体发出了警报，她才认识到了严重性。

打那儿开始，骑共享单车代替了地铁通勤，自制减脂餐换掉了外卖食品，白开水替代了饮料奶茶，早睡早起戒掉了深度熬夜。每到周末，她都浸泡在各种运动中，做瑜伽、跑步、徒步、打羽毛球……甚至还参加过马拉松。

"以前觉得运动枯燥无味，一步也懒得走。后来发现，运动的形式多种多样，一旦爱上，真的好有趣啊，天天想着，自然也不需要什么毅力！"她开心地说。

她还在羽毛球馆遇见了现在的先生。两个热爱运动的人，天天计划去哪里徒步，去哪里爬山，不仅不辛苦，反而很愉悦。

她没有在朋友圈发自己汗如雨下的运动照片，也没有做减肥前后的对比图炫耀自己辛苦得来的运动成果，更不会满世界嚷嚷着"我要自律""我要运动"却止步于口号。

有些人雷声大雨点小,有些人闷声下大雨。

那些标榜自律的人,经常晒出涂染上各种颜色的满满的日程表:五点起床,六点运动,七点吃饭,八点上班……二十点吃饭,二十一点读书,二十二点学技能,二十三点睡觉。好像一个连轴转赶场补习班的小学生,内心叫嚣着不愿意,但还是得做。

因为不乐意,所以才要列出 to-do-list(任务单),警醒自己别忘记。

其实生活里,有很多不需要自律但我们却在规律进行,甚至见缝插针、争分夺秒去做的事。

新开了一家网红爆款美食店,人再多,也要排队等着吃;新火了一部偶像电视剧,冒着第二天"熊猫眼"的风险也要通宵达旦地看;通勤空隙,哪怕只有五分钟,也要打开短视频软件刷一刷、划一划。

你看,吃饭需要自律吗?看剧需要自律吗?刷视频需要自律吗?根本不需要。驱动你做这些事情的,只是喜欢罢了。

无数人问过我:"写作多年,真的不腻吗?不乏味吗?为什么你从不放弃?"

我说:"是因为热爱。你相信吗?事实就是这么简单。"

做一件事,其实根本不需要靠所谓的自律,更多的是靠自己的热爱。当你满心满眼只有一件事,那么,做这件事本身就是非常愉悦的过程。

我从不逼迫自己做任何事情,我做事的唯一动力就是热爱。这是我爱做的事情,怎么可能感觉疲惫呢?

日日写作,可不是用自律督促自己办到的。外人觉得我很苦,但身在其中，做自己喜欢的事情，我甘之如饴。

如果是因为真心想做而去做，就有了期盼，有了愿景，内心的能量非常高，我们就会在做事的过程中得到滋养。

热爱的力量是向上的，是主动的，有着源源不断的热情和毫不犹豫的动力，这才是努力做事不痛苦的原因。被迫地、被动地，因为不得不做而去做某件事，才会不胜其苦。

我希望，你也可以找到自己所热爱的。这是将你从泥沼地中救出的绳索，是你的希望和光亮。那些厉害的人，只不过是将自己热爱的事做到了极致而已。

3

与世界交手多个回合后，很多人举手投降，灰心丧气，萎靡不振。

总有人问："为什么我已经很努力了，却依然过不上自己喜欢的生活？"

有一种可能是，你根本没有尝试过自己喜欢的，天天逼着自己做讨厌的事，因此终其一生，得非所愿。

如愿以偿是何其艰难，得非所愿又是何其痛苦。

我宁愿选择前者。这种艰难，更多的是指面对未知要付出勇气与果毅。

如果一个朝着南边走的人告诉你他想要去北边，你肯定会觉得奇怪："想去北边，难道不应该朝北走吗？为什么你一直在向南走呀？"他可能会回答："我这是逼不得已。"

生活中到处都是这样的人，做的事情和自己喜欢的事情不是同一类，甚至截然相反。逼着自己做不喜欢的事，却妄想过上喜欢的生活，这就是痛苦的根源。

我想告诉你，如果你想要去北边，那就坚持不懈地向着北走，慢慢走，一直走，总能抵达那里。如果你想过上喜欢的生活，那就去尝试做喜欢的事，总可以实现。

做不喜欢的事情，只想要快速潦草地结束。而做喜欢的事，会无时无刻不在心中记挂它，总想着要尽善尽美。

凡是让你朝思暮想的，你都会主动去做；凡是让你怨声载道的，你都会十分抗拒。

只有热爱，才有动力，才能坚韧，才能倾注更多的心血，花费更多的时间，孜孜不倦地钻研，向更高的层次提升。

这样做事，不是金钱和外力能够限制的，你自发的心力能够突破种种限制。当你把全部的注意力都聚焦在一件事上，不做成它，也太难了吧。

你哪怕跌进低谷，也能凭着一腔热爱，成功熬到雨过天晴、光芒四射的那一天。

我想问问你：你知道自己热爱什么吗？

很多人不知道。这是很正常的，因为我们在学生时代往往泡在课本里，没有机会接触更为广阔的世界和不同的事物，视野比较局限，选择领域自然就窄。

如何寻找到自己心中所爱？

不要以为不能创造利益的事情就是无用的。很多时候，我们能从无用的事情中享受到乐趣。而这种乐趣就是热爱的开端。

我们应该给自己的兴趣留一点时间，哪怕它到最后真的一无所用，我们也在这段宁静的不被打扰的时间里享受到了心流。这种宁静和笃定，是我们这个浮躁的社会稀缺的。

点亮你内心热爱的火种，让它燃烧。

燃料就是你现在所做之事。你越做热爱的事，燃料越多，热爱之火就越旺，你也就更有做事的动力。这就形成了一个完美的正向循环。

自律表面上看起来是主动的，实质上是被动的，是用显意识迫使自己去做事。

热爱却是极致主动的，是潜意识里的，是从心底激发的一种更厚实的力量。

有人靠自律做事，有人靠热爱做事。前者做事是自我消耗型的，后者做事是野蛮生长型的。靠自律做事，做的事情越多，你的能量消耗越大；靠热爱做事，做的事情越多，你的能量增长越多。

自律是给自己规定时间，我必须在某时某刻做一件事；热爱却是没有章法的，是时时刻刻都想做一件事。你说，是某时某刻才去做一件事能赢，还是时时刻刻都做一件事能赢呢？

自律是克己压制，封闭自我；热爱是释放天赋，打开自我。

自律是初级的做事心法，热爱是高级的做事心法。

成小事，可靠自律；成大事，要靠热爱。

与其强迫自己去做一件事，不如去做自己热爱的事情。热爱，是更低耗、更高效的做事方式。真正的热爱，不是一时兴起，不是口头说说，而是扎扎实实凭着这股力量，跨越重重障碍，穿越黑暗峡谷。

如果你觉得自律很辛苦，那就赶紧放弃吧。多花一点时间，找到你真正热爱的事，释放自己的天性和能量，才能创造出更满意的生活。

02

在不确定的时代，
寻找确定的未来

确定性的核心不在于关注外部环境，
而在于稳定提升个人能力。
放弃对外部世界确定性的渴望，
转向搭建内部世界的确定性，
才能得到真正的确定性。

1

AI（人工智能）的迅猛发展，引发了很多行业的波动，人人自危。最近，只要大家聚在一起讨论这个话题，其激烈程度就不亚于引发一场"地震"。

做文案工作的朋友说："AI写文案，效率高多了。我输入一个指令，它'咔咔咔'就写出来了，比我苦思冥想快多了。我感觉自己马上就要被裁了，一点安全感都没有。"

做设计工作的朋友说："别提了，AI绘画也是一绝。以前一幅画，创意加绘制要一个星期，现在只需要几分钟。虽然没有那么精细，但照着这势头发展下去，我也很担心失业。"

另一个朋友说："哪里有稳定的工作啊？最近局势不妙，天天有人被叫进人事办公室，进门和出门的脸色完全不一样。我也担心丢工作。我看啊，只有自己当老板最稳妥。"

自己创业当老板的朋友说："你以为创业容易啊？市场低迷，行业动荡，客户的消费能力下降，预算也少了。我最近忍痛裁了好多人，都是跟着我打仗的兄弟，我也于心不忍。可是，不这样的话，公司也快玩完了。我看，最稳定的就是考公考编了。"

一个公务员朋友喝了一口茶，开口了："你们以为当公务员就好做吗？工作压力也很大，人际关系又复杂，关键是工资和工作量不成正比呀。还有，别以为你想当就能当，现在考公人数这么多，几百个人竞争同一个岗位，你得先从千军万马中闯过独木桥才可以。"

"唉！"大家面面相觑，齐声叹了一口气，去哪里找稳定又多金的好工作？

为什么我们如此追求安全感，如此惧怕不稳定？

我们的祖先为了遮风避雨，免于野兽侵袭，居住在能够保护自己的山洞里。住在山洞里，优点是安全，最大的缺点是无法与外界形成新的链接，难以拓展新的地界。

如今人类已经过数万年的进化，但我们的基因依然偏好具有安全感的山洞。

这就是你之所以有社交恐惧症，不愿意突破舒适区，拒绝新的尝试，以及那么追求确定性的原因。

你喜欢生活在稳定的圈子里，喜欢做舒适的工作，喜欢和老朋友聊天，喜欢去固定的餐厅吃饭。你不喜欢没有安全感的工作，不喜欢没有确定性的事情，不喜欢有风险的投资。

我们不都生活在自己的井底吗？区别在于这口井的大小而已。有的井口直径大，有的井口直径小。井口大的人对外界向往憧憬但又恐惧畏缩，井口小的人安逸自足，自得其乐。

有人坐井观天，觉得眼前的风景无限美好。其实，意识不到自己的局限，正是局限的一种表现。

你敢逃离自己的小山洞吗？

你敢奔赴明亮广袤的旷野吗？

你是否试过一点点扩张自己的井口？

你不敢，你怕遭遇雷雨天气，你怕被意想不到的怪兽吞没，你怕失去食物，你怕丢掉安全。待在稳定的环境中，避免处于风暴中，是人类本能的追求。

如果你看到别人碰上了风口，迅猛成长，不用想，他们一定是勇敢逃离了山洞的人。

如果你觉得山洞里的空气浑浊、厚重、沉闷，不妨走出去，呼吸新鲜、干净、清爽的空气。

主动跳出自我思维局限，勇敢尝试新的东西，尤其是尝试之前你不喜欢的、有偏见的、有微词的东西，很可能会让你产生新的想法和感受。

你的偏见，就是制约你的瓶颈。

个人无法单独存在，我们时刻和周围的人、周围的事发生着深刻的联系。我们应当把自己看作这个世界的一部分，勇敢地进行新的尝试。

读一本新的书，看一部新的电影，见一个新的人，听一个新的观点，做一份新的工作，尝试一件新的事，培养一个新的爱好……都会让你和这个世界产生新的碰撞。而碰撞，能够激发你的创造力和想象力。

时代越不安稳，越不要一味追求安稳。在不稳定的时代，哪里有绝对稳定的工作？

如果你只追求确定性，会被这种心态局限，错失一些有利于成长的尝试，最后反而会丢掉一部分确定性。

你要在变化中，抓住不变的核心。

2

表妹跳跳为毕业后从事什么工作这一问题，差点和父母闹翻了天。起因是，她的父母都在体制内，想让跳跳也做体制内工作。毕竟是个姑娘，体制稳定又妥帖，出去相亲说出来都有面子。但是跳跳呢，偏偏热爱自由，不想把自己的人生圈在体制内，也不想在一个岗位上干到老。

她喜欢新鲜又有生机的工作。

跳跳跟我说："我这么年轻，不想我的同事多是四五十岁的人。和什么样的人在一起，就会有什么样的想法，就会过什么样的人生。我看够了父母的生活，虽然很稳定，可是也毫无波澜，毫无意思。如果让我以一生的自由为代价，去过枯燥无味的稳定生活，这样的工作不要也罢。还没看够世界，就要被关在一扇窄门当中，我不甘心。稳定的工作只有一个好处，那就是稳定，但这有什么意思呢？我宁愿选择不稳定但有意思的工作，人生的趣味不正在于此吗？"

她随后加入了一个创业型小公司。这个公司有多小呢？小到除了老板,只有一个员工,那就是跳跳。

父母知道后,气得不得了:"我看你这工作随时要丢,这干下去的概率多低呀。"

"丢了就再找呗,又不是找不到。"跳跳无所谓地说。

果然如父母所料,公司干了半年就垮了。跳跳又去了另外一家小公司,比上家大一点,最起码员工有五个了。但是没多久,这家公司又关门大吉了。随后的日子里,跳跳去一家公司,就垮一家公司。

由此,跳跳的人生履历里多了一个耀眼的名号:一个能干垮公司的员工。

跳跳的心态很好。她说:"虽然好几个公司都垮了,但是我学了一身本领。小公司的好处是我可以在各个岗位上得到锻炼,一个人掌握业务全链。这可不是在大公司能实现的。"

后来,跳跳凭着自己干垮五家小公司的经验,自己也开了一家公司。

父母不看好她:"你能把别家干垮,就能把自家干垮。"

果不其然,跳跳的公司没有活过三个月。但是,倔强的她继续开了第二家、第三家……直到第四家公司的时候,情况突然好转,她还正儿八经地开始招聘员工了。

跳跳说:"我觉得工作就像打游戏,第一次走了几步就死了,第二次无法通关,第三次依然失败,可是这些都没关系,因为我是在刷经验。每开垮一家公司,对我来说,都是一次弥足珍贵的经历。我会做详细的复盘,下次就不会踩同样的坑了。我相信,总有开公司成功的时候。"

我觉得这个姑娘真的成熟了,她的做事方法和看事心态是很多同龄人无法相比的。同龄人在一个岗位上做一颗旋转的螺丝钉的时候,她已经站在全局角度去思考业务走向、公司存亡的大问题了,她的进步必然是飞跃式的。

稳定的局面培养懒惰意识的形成,不稳定的局面促进危机意识的形成。

稳定,意味着丧失了链接新事物的机会。

当你只追求确定性的时候,你就失去了那些不确定带来的惊喜。

哪怕一开始只是链接到一些不确定的微小的开头,也要用发展的眼光去看待。若不是这样,你会觉得自己所做的毫无意义。而所有链接的意义,只能在过后很久才能看清楚。也就是说,如果你一开始放弃了微小的新事物,就不会知道自己究竟错过了什么。

很多时候,看起来现在和你没有关系的事情,如果不去主动接触,也许就真的永远和你无关。

你还记得"超级玛丽"的游戏吗?

马里奥在空白的场地上向上跳了一下,一个五彩斑斓的蘑菇叽里咕噜滚下来。马里奥欢快地吃掉蘑菇,增加了能量。

如果你也曾玩过这个游戏,很可能像我一样,时不时让马里奥跳几下,为的就是寻找空白处隐藏的能量包。

生活,何尝不是如此?那些看似空白的地方,碰撞一下,或许就能出现人生礼物。

如果你只是在看到了确定的礼物后才向上跳去追求,就会错过那些不确定的隐藏礼物。

人们为错失明显的机会而懊悔,却不为错过未显现的巨大机遇而感到遗憾。从你的眼皮底下溜走的机会,只是你人生中能遇见的所有机会的冰山一角罢了。冰山隐匿在深海里的大部分,是无数次和你擦肩而过的机遇,只不过你从不知晓。

但很少有人意识到这一点。

想象一下,命运给每个人准备了一百个盲盒,只有其中少数几个藏有超级大奖。

我们小时候好奇心很强,会打开其中一些盲盒,有的里面是奖品,有的里面是垃圾,有的里面是空的。随着年纪的增长,好奇心退去,有人怕失望,有人怕辛苦,有人已经认命,于是不再费尽心思探索盲盒,只对那些确定了的礼物感兴趣,即使盲盒就放在面前,也视若无睹。

但也有人屡败屡战,一次次开盒,终于,"砰"的一声,彩带飘飞,光彩夺目,他找到了一份罕见的大礼,成功翻身。

旁人说他命好,或者是运好。别人拥有自己没有的东西,索性归结为命运使然,这样才能宽慰自我。

殊不知,在那之前,那人已经连续开了九十九个空盒子,做了九十九次探索,终于在第一百次得到了礼物。

你呢,你竭尽全力打开所有盲盒了吗?如若不打开所有的盒子,你怎么知道礼物藏在哪个里面?

打开盲盒的过程,就是在探索一个个新事物,有些并无多少助益,有些却可以让你焕然一新。没人能够准确预测礼物藏在哪个盲盒里,你能做的,就是多做些结果不确定的尝试。

命运以隐藏的方式赠予礼物,你不去尝试,根本不知道自己会错失怎样的精彩。

3

在我们的传统观念里,人生就是一条线,且具有单向线性,从现在到未来,不可逆。

我们从 0 岁,走到了 10 岁、20 岁、30 岁……直至生命离开的那一刻,我们只能顺着这条线往前走,只能知道过去发生的事情,却不知道未来会发生什么。

未来之于我们,是未知的,是不确定的。

你每天所做的事情是因,而未来发生的事情是果。太多人之所以放弃,不是因为辛苦劳累,而是因为不确定自己的因能否带来想要的结果,从而陷入了犹疑、焦虑、迷茫。

那么如何增加结果的确定性呢?

把因与果分别想象成一个圆点,两个圆点之间的线段便是抵达结果所需要的时间。

这条线段越长,你越没有耐心,你怕浪费了生命,还没有得到所期望的。

如果你可以改变时间的单向线性,逆转方向,从确定性未来走向现在呢?

或许你可以提前选择你的未来,拿着未来的果,去选择当下对应的因。

举个例子,你的未来在一片花海之中,里面有各种各样的花,玫瑰、芍药、栀子、鸢尾……而你未来的模样就是其中一朵花。你想成为哪朵花呢?

你想成为一朵玫瑰,就要选适合玫瑰生长的土壤,选适合玫瑰生长的季节,种下玫瑰的种子。

这就是,先选择果,再去种因。

你从玫瑰花种子的袋子里,拿出玫瑰种子,播种在地里,它怎么可能长出鸢尾呢?除非你拿错了花种的袋子。

因此,当你在质疑时,就要问问自己,你想得到什么花,而你种下的又是什么花种。当你想要的花与播下的种子一致时,就要笃定,一定能行。

每日问问自己:我想要开什么花?我今日种的种子对吗?

当你由果推因时,心中的确定性便能增加不少。

还记得刚才的两个因、果圆点吗?当你把因果中间的时间线折叠起来,让果和因这两个圆点重叠时,查看一下,因与果的重合度高吗?具有一致性吗?

这时会发生奇妙的现象:有人的因就是果,果就是因,有人的因果差之千里。

因与果的重合度越高,实现的概率越大。

从这个层面来讲，你最应该做的就是提升重合度。

如果你只是想想而已，只停留在思考和计划层面，从来没有真正种下因，那就不用抱怨果不成型了。

想要增加某种结果的确定性，就找到对应的因，增加因的比重。

如果你想增加考高分这个结果的确定性，请反思一下，你有没有研究过考高分的策略？

如果你想增加找到好工作这个结果的确定性，请反思一下，你有做出相应的努力吗？

如果你想增加变得更优秀这个结果的确定性，请反思一下，你有没有真正付出行动？

确定性的核心不在于关注外部环境，而在于稳定提升个人能力。**果只是外部世界的呈现方式，最重要的，是内部世界的因的构建方式。**

什么是真正的确定性？

确定性不是看到某个确定的机会，而是拥有持续探索机会的好奇心。

确定性不是在一个岗位上工作一辈子，而是拥有在不同公司、不同岗位上工作的能力。

确定性不是拥有看得见的未来，而是拥有应对不断变化的未来的适应力。

确定性不是拥有稳定的外部大环境，而是拥有稳定的内部小环境。

放弃对外部世界确定性的渴望，转向搭建内部世界的确定性，才能得到真正的确定性。

03

热爱从来不是三分钟热度

爱好止步于"入门",
兴趣停留于"艰难",
这纯粹是轻轻浅浅的喜欢,
根本不是真正的热爱。
真正的热爱是深入的,
是饱满的,
是充满探索勇气的。

1

表妹阿庸在刚考上大学的那个暑假,兴致勃勃地对我说:"姐,到了大学,我要好好培养一个兴趣爱好。"

大一的时候,她给我发了几张图片,是不同款式的滑冰鞋。"姐,我想学滑冰,认识了新朋友,他们可酷了,我想像他们滑得那么好。先把装备搞起,你看哪款好看?"

"我帮你挑一款吧,把学校地址给我。"我直接下单了她的尺码,递到了学校。

最初,阿庸天天在朋友圈晒自己滑冰的照片,笑容灿烂,青春洋溢,活力满满。

后来,这种内容越来越少。

等她寒假回家,我说你学了半年了,咱们去滑冰吧,是时候检验你的成果了。阿庸不好意思地挠挠头道:"姐,我没学了。刚开始觉得好玩,后来总是摔跤,还被人嘲笑这么大了还不会滑冰,我丢不起人，就没学了。滑冰没有看上去那么容易啊。"

"但是，我最近喜欢和朋友一起去跑步。先锻炼，顺道减肥，以后争取去参加马拉松，拿个奖牌回来，你看咋样？"阿庸的眼睛又恢复了光彩。

"我看不错，很健康。坚持最重要，跑马拉松也没那么容易。"希望她这次不会放弃。

"你看着，我每天跑完步给你发轨迹分享！你监督我，我这次不放弃了。"

她一鼓作气买了一堆装备，等开了学，果真开始跑了。

"姐，今天跑了两公里，厉害吧？"

"姐，今天跑了三公里，好累。"

"姐，今天跑了两公里半，还不错吧？"

每次我都给她发个大拇指的表情包，赞美一下。

过了几天，我问："你怎么不跑了？"

她回："姐，这几天下暴雨，不能跑。"

又过了几天，我看看她所在城市的天气，已经不下雨了。

"你怎么还不跑？"

"姐，最近学习压力大，每天课程多，作业重，过两天，等我缓缓，我一定跑。"阿庸还附加了一个无奈的表情包。

又过了一段时间，我问："最近学习忙不？"

对面发来一个欲哭无泪的表情："姐，我不想跑了，太累了，腰酸背痛。你也别监督我了。"

阿庸没一件事能坚持一个月以上，就像她小时候，隔段时间就换一个爱好，画画、钢琴、舞蹈……学了个遍，都没有坚持下来的，每次都是开头没多久就想放弃。

这就是典型的三分钟热度。

后来我发现，身边这类型的人还真挺多的。

隔一段时间就激情满满地宣扬要做什么事情，三下五除二干了几天就歇菜。又过一段时间，撸起袖子认准一个新事情，两眼放光，信誓旦旦要深耕，可连连碰壁后，发现这事情没那么简单，就又止步了。这些人只是三分钟热度，缺乏持久的毅力和深入探究的决心。

现在，很多人都想要搞副业搞技能搞精进，试图掌握工作以外的能力，提升自我。有人听说写作能变现，便买了笔记本电脑、写作课程、一堆写作书，甚至还模仿氛围博主买了台灯和花式键盘，注册了自媒体账号。到了这一步，已经耗费了大半元气。

看看别人写的文章，好像也就是一般水平，感觉自己也是可以的嘛。于是，满怀信心写了第一篇文章，忐忑不安地发到平台上，每隔五分钟看一次手机，就等评论和点赞如潮涌来时"咔咔咔"回复了。

咦，没有评论和点赞？大家还没有看完文章吧？

怎么回事，还没有评论和点赞？可能大家在想写什么留言吧？

过了很久，还是很安静，就像一颗小石子落入大海，无声无息。心情终于由激荡转为了平静，继而转为了失落。唉，看看个位数的阅读量，就知道自己的这篇文章惨败了。

内心经历了一系列的挣扎与自我安慰，重新为自己鼓气：没事，没什么大不了的,才第一篇嘛,谁还没有石沉大海的时候呢?

但第二篇、第三篇……直到第十篇,依然没有什么水花浮起。

心情也随着文章沉落到了深渊,压抑、愤懑、失落、难受。总有那么一个瞬间,心底响起一个声音:"放弃吧,没啥用,浪费时间而已。有这时间,追个剧不好吗?"

于是,把备好的工具全部收起来,正式和写作说了再见。

我还见过很多朋友学摄影,美其名曰记录生活,上网查了很多教程,开始学构图技巧、色彩搭配等。看完了教程,已经昏昏欲睡,想着过几天出门拍照,按照教程来。终于来了一次拍摄体验,从不尽如人意的几十张里挑出一张能看的。

拍照这么难啊!怎么看别人拍那么容易呢?废了废了,拍完还要修片,算了吧。

2

什么样的人容易出现三分钟热度呢?有下面四种类型:

· 随大流的人

喜欢扎人堆,人云亦云。别人今天做了什么,他明天就要跟着做什么,仿佛别人做了他没做,就是落后了一般。在别人身后穷追不舍,且每次追的还不是同一拨人。乱花渐欲迷人眼,迷雾穿梭扰心性。最后两手空空,热闹一番,啥也没学会。

· 自我认知模糊的人

根本不知道自己到底喜欢什么,处于一种稀里糊涂胡乱摸索的状态。犹如一个从未吃过水果的人走入一个眼花缭乱的大果园，不知道这些果子都是什么味道，只能挨个摘下来浅尝一口。

· **性格浮躁的人**

这样的人像一只流连花丛的蝴蝶，他喜欢的不是某种花，而是在每个鲜艳的花朵上都轻轻浅浅地沾染一下。他三心二意，无法沉下心专注做事，总是着急忙慌地赶路。他看起来非常忙碌，最后却说不清做了什么事。

· **容易产生畏难情绪的人**

特别爱尝试新鲜事物，但只要到了真正需要用力突破的瓶颈期，他就会跳转到下一个频道。他在各个赛道上都止步于瓶颈阶段，一次也没有突破过。卡在那儿，动不了，动不了怎么办，那就跳到另一个更容易的地方。

以上四种人，对照自身，你属于哪种呢？

追根溯源，这些性格是如何形成的呢？

· **随大流的人**

为什么要随大流？并不是真的喜欢追从别人。他追随的是群体中有权威的人，而不是默默无闻的人。

他觉得如果不跟从群体中最受欢迎的人，就会被抛弃和否定。他想得到肯定和尊重，仿佛自己有了和权威人士一样的爱好，就也能得到美好的待遇。

这就是讨好型人格，他们渴望通过模仿他人的行为来迎合他人，从而获取他人的认可与赞赏。他的人格并不是为自我而生，而是为嘉奖而生；他的行为并不是为自我而做，而是为融入群体而做。

·自我认知模糊的人

从小遵循父母的教诲,听从老师的指导,生活在一套既定的评分体系当中,行走于规范界限之内,从未有过真正的自我探索与追寻。

长大后出了象牙塔,两眼一抹黑,因为发现身边的评分体系没有了,标准答案消失了,人生导师也不见了,陷入了一场巨大的迷雾当中。

在主流价值体系里,似乎只存在一条既定路径,且这条路上的各个重要节点都标记了详尽指引——什么时候该转弯,是往左转还是往右转,什么速度能达成优等……只要按照规则行事,就能在指定的目的地拿到期许的奖励——优异的分数、让人羡慕的学校、理想的工作。这就是标准模式。

一个人的身体和大脑完全适应标准模式之后,就无法适应没有标准模式的社会。

出了学校,进入社会,像突然闯入一片蛮荒之地,没有路,也可以说处处都是路,但处处又不是路。不知道自己是谁,也不知道自己喜欢什么,只能到处走走看看。面对人生这道无固定答案的题目,感到迷茫与无所适从。

而那些自幼便勇于挑战,拒绝墨守成规的人,早已在无数未知的领域里摸爬滚打过,积累了丰富的经验与智慧。

·性格浮躁的人

不知道你有没有注意过,当你挤进地铁的时候,有多少人在刷短视频。无数颗脑袋低着,大拇指按在屏幕上,三五秒钟就向上滑一次,好像在与什么东西赛跑,生怕落后,拼了命,眼也不眨地向上滑,这就是短视频时代培养出的手速。

这种人性格太浮躁了,不能沉下心做完整任何一件事,看不完三分钟视频,看不完一部完整的电影,更别提读几页书了。

- **容易产生畏难情绪的人**

小孩子遇到困难,第一反应是放弃,有的还会哭。很多大人也是,年龄增长了,但心理状态始终停在三岁,遇到困难就畏缩,碰到挫折就低头,这种不成熟的心态与孩童无异。

只在初期不甚了解的时候,才有满满的激情和斗志,一旦遇到真正需要突破的卡点,或者真实挡在面前的阻碍,就恐慌退后,想要换一个赛道。

总觉得自己不行,怕失败,怕跌落,怕成为被他人耻笑的人。看见困难就像望见一座山,下意识行为是绕过去,而非征服,觉得只要躲过这座山,就能避免暴露不足和短处的尴尬。

事实上,觉得山下挤满了等着看自己笑话的人,这本身就是一个笑话。你觉得自己有多少观众?人人都有自己要爬的山,没几个人等着看你的后背。

爬过的山越多,越会有更多的人关注,但这些人根本不以为意。反而那些没爬过几座山的人,感觉自己时时刻刻被人关注着。

克服自己畏难天性的人,才能登峰。觉得自己不行的人,只能徘徊在山底下,日复一日地纠结。

你可以躲避一阵子,无法躲避一辈子。属于你的人生功课,只能自己去完成。

3

那些在各种爱好中腾转挪移的人，那些看似潇洒的人，别喊自己是热爱世界了，其实不过是图个新鲜。

真正的热爱是深入的，是饱满的，是充满探索勇气的。

而有些人的热爱，仅止于表层的愉悦与满足。

爱好止步于"入门"，兴趣停留于"艰难"，这纯粹是轻轻浅浅的喜欢，根本不是真正的热爱。

真正的热爱绝非叶公好龙般的虚情假意、自欺欺人，它源于内心的真挚与执着。

如何区分喜欢与热爱呢？

喜欢是什么？

喜欢是享受这件事在表面层级带给你的美好感觉。换句话说，你喜欢的是它带给你的初级肤浅的快乐，是触及新领域所带来的陌生神秘的新鲜感，以及自感兴趣广泛而光彩照人的虚荣与满足感。

那，热爱是什么呢？

热爱是退去了一开始激动、喜悦的心情后，还能够日复一日地深入钻研，愿意付出全部的行动力去克服做这件事的过程中碰到的困难与艰涩，并持续享受磨砺带来的成长。

喜欢处于嬉耍玩闹的"浅水区"，热爱处于有湍急暗礁的"深水区"。

很多人始终在浅水区晃荡，换了一个又一个浅水区，依然扑腾不止，毫无长进。

浅水区走多了，带来的最大伤害是，习惯性沉迷于浅水区，觉得自己到这里也就到头了，没有更强的能力向前深入了。

甚至身体形成了一种"逃避机制"，一旦触及某种程度的挑战，就会无意识地选择逃避，避开那即将涉足的未知深水区。由于缺乏成功的经验，对自己的能力感到怀疑，认为自己没有资格去迎接挑战，潜意识里深信自己注定会失败。

想要实现真正的成长与提升，就一定要有勇气突破浅水区。清晰地觉知到自己的恐惧，并带着这份恐惧继续向前走，走进那片深水区。

不盲从，不跟风，在自己的世界里认真探索，发现自身特有的闪光点。坚持几个真正适合自己的爱好，保持坚定的信念，将它们打磨成熠熠生辉的样子。

04

你懂那么多道理，
为何还过不好这一生？

你总觉得知道和做到只有一墙之隔，
你总觉得翻过这一墙你就能得偿所愿，
这是一种谬想。
停留在知道层面，
人生也就停留在知道有美好生活的层面。
能够做到，
人生才会向前走到美好生活。

1

"我知道这个道理,可我就是做不到"的背后,是一句"你活该"。

小原经常在朋友圈发一些人生哲理。有朋友问她问题,她也回答得头头是道、言之有理,俨然一副人生导师的模样。

她劝想要减肥的朋友:要想瘦,管住嘴巴,迈开腿。

她劝想要变美的朋友:戒油,戒盐,戒糖。

她劝想变富的朋友:一心一意搞工作,开拓渠道多思考。

她劝想脱单的朋友:多出门,多社交,转角遇见有缘人。

她说得没错,经她开解的朋友仿佛开窍了一般。

小原也是一个很有追求的女生,她也想要减肥,想要变美,想要有钱,还想要谈恋爱。但以上这些,都只是她在头脑中幻想过千万遍的事。

现实是,她不瘦,也不美,经济拮据,至今单身。

每天下班后就窝在家里，打开淘宝唰唰下单，苦追爱情泡沫剧，为男女主的悲剧落泪，为他们之间的纯爱打 call（加油打气）。夜里必点一顿烧烤，完了还吃一堆甜点，高碳浓糖重油咸辣，加上熬夜，脸色蜡黄，痘痘冒了一脸，但她依然不改。不去主动社交，也不去认识新朋友，天天守着爱情电影，幻想里面的男主角能从天而降，对自己怜香惜玉。

小原向我抱怨她身材不佳，不像别人那么婀娜多姿。

我说："别人为了减肥可谓费尽苦心，碳水减半，清水涮菜，每天跑步，戒掉零食。你呢？你做了什么？"

小原吞吞吐吐："这些道理我都懂，我也是这么和别人讲的，可是……"

我说："可是你一天五顿，半夜烧烤，零食堆积，饮料当水，半步不动。你不胖简直没有天理啊！"

小原不好意思地低头："我也想要行动啊，可是……"

我说："可是你根本不行动啊。"

小原抬头叹气："唉，我暗恋的男生有了女朋友，人家的照片一看就是高瘦美。好伤心，我咋就不行呢？我这次下定决心了，我一定要行动起来！"

过了一段时间，再看小原，还是原来的样子。

道理懂了一麻袋，不如实践来得快。

大脑幻想一万遍，不如行动一分钟。

网络上非常流行一句话：你懂那么多道理，为何依然过不好这一生?

懂了道理但没有行动,才过不好人生。你提升认知层面,瞥见了更美好的生活,但行动没有任何改变时,对比别人的美好和自己的窘迫,你会更加显得落魄。

现在的年轻人仿佛患上了一种病,叫"行动癌"——精神上学富五车,行动上匮乏贫瘠。

他能同你谈天说地聊古今中外,上知天文下知地理还通晓新闻时事,他也能滔滔不绝口若悬河列出战略和计划,但如若你让他真去行动,估计一年都挪不动一厘米。

很多人自诩熟读经典、知识丰富,抱着"如果我想做点什么,就一定能做到"的虚假幻想。我想戳破这种人这点可怜的幻想:你知道什么,并不代表你能做到什么。

知道和做到的差距,就像地中海到印度洋的距离。这差距可不是一星半点,而是云泥之别。

知道太容易了。你读了一本小巧的书,你看了一部两小时的电影,你从网上浏览了一篇几十句的名言汇总,都可以轻而易举地将其武装成自己的"思想",美其名曰:"我知道,我懂了。"

你是知道了,你是懂了,可是,你知道那么多道理,能当饭吃吗?你知道那么多知识,能涨工资吗?你知道那么多为人处世的方法,能提升你的人际关系吗?

你给别人讲工作经验讲得头头是道,你给别人说爱情技巧说得振振有词,你当别人的人脉军师当得理直气壮,你做别人的生活益友做得名正言顺,但是真轮到了你自己,需要你真枪实弹向前冲的时候,你怎么就乱了阵脚呢?

如果你真的知道,就不会把自己的工作弄得一败涂地,不会把自己的生活搅得一塌糊涂,也不会把自己的恋爱搞得鸡飞狗跳,更不会把自己的人际关系整得七颠八倒。

如果你真的有才能,拜托你先搞定自己的生活。一个连自己的生活都搞不定的人,怎么好意思指点江山,给别人当军师瞎操心呢?

真正的知道,绝不是你大脑中精彩纷呈的语录,也不是你滔滔不绝的说辞,不是你开导别人时的妙语连珠。真正的知道,是你可以用认知改变自己的生活,是你可以让头脑中的道理落地到现实当中,是你的思想可以真正提升你的能力水平。

而那些令你扬扬得意的、只存在于脑海中的所谓懂得,只是半瓶子晃荡、王婆卖瓜式的自我陶醉罢了。所有尚未真正融入你现实生活的道理,其本质都是你并不真的知道。

知道不需要付出很多成本,你只需要花一些时间看一看、听一听。

做到太难了:你要鼓起勇气迈出第一步,你要承受失败的风险,你要不在乎他人质疑和鄙夷的眼色,你要逢山开道、遇水搭桥、破除一切障碍,你要为自己所有的行动担负主要责任,你要在一次次的行动中付出全部的心血……

这就是你为什么只选择知道而未做到。

2

有个朋友跟我讲,他很喜欢写作,把附近书店里无论是知名作家还是写作新秀写的写作技巧书全都搬回家,书堆起来,竟形成了一摞高高的书山。每天的闲暇时间,他都在研究各种写作技巧。他自信满满地说:"我掌握了很多写作技巧,感觉写作并不难。"

接下来的一个小时里,他给我长篇大论地讲了各种文章结构、修辞手法、内容主旨、遣词造句技巧等。

实在忍不住了,我打断他说:"那我能看看你写的文章吗?"

他迟疑了一下,说:"我现在还处于研究写作技巧的阶段。等我全部研究透了,才会开始写。"

"你研究得已经够久了,你知道得也够多了。现在的问题不是你知道得不够多,而是你写得不够多。或许,你可以先试着写出第一篇文章。"

"不,我知道得还不够,我还有很多写作书没有看呢。等我全部看完再开始写,一定会写得非常好。"他很执着。

过了几个月,他又来找我,苦恼地说:"为什么我看完了几十本有关写作技巧的书,依然写不好一篇文章呢?"

"那是因为知道与做到不是一回事。并不是知道得越多就做得越好,也不是不知道就一定做不好。在知道与做到之间,你需要亲自下场,你需要更多磨炼,你需要反复打磨。站在岸边,怎么能学会游泳呢?"

他所经历的其实是很多人的通病。很多人萌生了做一件事情的想法后，接下来并不是行动，而是开启自己的"知道之路"。

减肥的知道之路是这样开启的：

你在网上收藏了无数的减肥教程，你对减脂食谱如数家珍，你对健身房的各种器械了如指掌，你关注的那些瘦身博主已经瘦到了一百斤……你心满意得地摸着自己的肚腩说："我也知道减肥方法了，根本就不难嘛。"

你对想要减肥的朋友说出所有你知道的，收获一片钦佩的眼光与敬仰。

绘画的知道之路是这样开启的：

买了一堆关于绘画技巧的重量级教程书，收藏了大量有详细绘画过程的视频，逛了无数次淘宝，了解了各种画笔、颜料、纸张之间微妙的差别，看了各种艺术史，了解了不同门派画家之间的不同风格，甚至还花很多钱报了多门绘画课程。

这时，你感觉自我良好，因为头脑里的知识又丰富了。

知道之路是无穷无尽的，你总也走不完。

你总有很多理由阻止自己踏上行动之路：

我还没有完全准备好；

我还没有足够多的时间去做。

我还不知道从何开始……

你总是在等，等你把所有的知识都掌握，等你有一个恰到好处的契机。哪怕万事俱备了，你也会给自己一个不行动的理由：我还欠一场适宜的东风啊。

想找借口的人，总能找到一些莫名其妙的理由。所有的理由，都只是为了阻止自己行动而已。

天时地利人和，本是成功的三大要素，你若刻意将它们拆分开来，并给每个词语加上否定词，便可轻易找到不行动的借口：非天时，地不利，人不和。

你怕什么呢？你怕自己的行动不够完美，你怕自己的行动会消耗太多能量，你怕被人嘲笑：天天吹嘘自己知道得多，结果也不过如此罢了。

行动难在哪里呢？难在克服与生俱来的惰性，挣脱习惯于安逸、不愿改变的惰性束缚；难在抵御人性中贪婪的劣根性，不被短视的利益所驱使；难在驾驭无处不在的欲望，懂得适可而止的智慧；难在战胜顽固坚硬的潜意识，越过层层错误的选项，直抵正确的方向。

在碳酸饮料与矿泉水之间选择哪个？

在点外卖与自己做饭之间选择哪个？

在躺平刷剧与健身运动之间选择哪个？

总是满口道理的人，即便知道不应该喝碳酸饮料、不应该点外卖、不应该躺平刷剧，依然不可自拔地喝了几瓶碳酸饮料，吃了几盆重油的外卖，躺着刷完了几部泡沫剧。

很多人错误地把"懂得太多道理"与"过不好人生"画上了等号。

其实，过不好人生，不是因为懂太多道理，而是因为没有把道理应用在生活中啊。

懂、知道、了解都发生在思想层面，不落于行动当中，就丝毫没有用处。就像你读了一本菜谱，通晓了中国八大菜系的做法，可是你锅没有支、火没有开、食材没有备，能做出美食吗？你能怪菜谱没用吗？

不是菜谱没用，是你没有实际用它！

不是道理没用，是你没有实际用它！

别总是戴着"知道"的面具，感觉自己无所不知，"我知道"其实隐含着危险。乔布斯说："保持饥饿，保持愚蠢。"这是对自我的高度认知，让自己保持谦虚，保持空杯心态。

当你意识到"我知道"只是一句废话，你才能勇敢地撕下自己"知道"的面具，真正迈向行动。

管理大师杰克·韦尔奇说过一句非常著名的话："你们只是知道了，而我做到了。"

你总觉得知道和做到只有一墙之隔，你总觉得翻过这一墙你就能得偿所愿，这是一种谬想。

相比行动，知道是多么容易的一件事。笔试得满分的人，实践未必能及格。

当你说出"我知道"，这句话背后的意图是什么呢？是给自己不行动做开脱。

在这种情境下，"我知道"成了自我安慰的挡箭牌，成了逃避责任、避免面对挑战的借口。它让你觉得自己已经掌握了足够的信息，无须再付出努力或采取行动。

事实上，知道之后不行动，比不知道而不行动更加恶劣。如果你本来就不知道，那就无所谓后悔。如果你知道却没有采取行动，那么之后会有无穷无尽的遗憾，你会想"我本应该……""我本可能……""我本能够……"，这比"如果我当初知道就好了"更令你悔恨和痛苦。

3

有一种人格是"知道但不行动"型——道理我都懂，但我就是不做。

还有一种人格是"立刻行动"型——雷厉风行，说干就干，想到就做。

岚岚就是"立刻行动"型。半年前她说想学摄影，朋友圈有一堆人给她出主意。有人说："摄影不是那么容易学的，你得有机器、有理论、有实践才行。"还有人说："我也想学，咱们一起学吧。我把最近在上的课程、看的书私信推荐给你。"

"谢谢大家的建议，我准备明天就开始练习了！"岚岚在评论区统一回复道。

说到做到，第二天，岚岚开始拍摄家里的静物——水果、书、植物等。一开始的照片当然存在很多缺陷，连基础的构图意识都没有。朋友在评论区指导她：你应该这样构图，那样构图；这画质也不好，应该用照相机，而不是手机拍。

岚岚言简意赅地回复："谢谢。"

后来，岚岚开始拍人物照。还是一部手机走天下，她刚参加工作，没有很多积蓄去购买高级摄影设备。

渐渐地，朋友圈的赞叹声逐渐多了："捕捉的人物表情很生动呀。""背景布置得很漂亮。""这个光影绝了。"……

岚岚的拍照风格逐渐形成，有明显的个人特质。这时，开始有朋友找她约拍了。攒了一些钱后，岚岚换了一个专业的摄影设备。她前一天晚上研究教程，第二天就开拍了，身体力行了"做中学，学中做"。

而一开始给岚岚推荐课程与书的朋友，从频繁评论转为了点赞，最后连赞也没有了。我猜，他还在研究各种摄影理论知识。

只不过半年时间，有人看不完几本教程书，有人学不完一门课，岚岚却能够从0到1，完成从摄影小白到在当地小有名气的人物约拍摄影师的蜕变。

如果她当初执着于理论层面的"知道"，此刻估计她还在捧着书进行研究呢。

她选择了一条正确的路，边做边学，边学边做，让知道与做到同步进行，甚至让做到先于知道。

人无定力，万事不成。

什么是定力？定力就是一个人坚定不移地专注于一件具有长期回报的事情，而非被短期利益所诱惑。定力就是在面对外界干扰和诱惑时，依然能够平静、专注地做手中的事。

你需要一种行动的定力。

你知道的不一定能做到，但你做到的你一定知道。

你做到的速度越快，越不在乎是否知道。

别让自己沉迷于看似高大上的复杂理论知识，别被自我包装、厉害人设迷惑了头脑。去做一做，看自己究竟行不行。只有去做去执行，才知道自己的短板是什么，应该如何补足。只会喊口号的人，始终是井底之蛙，跳不出来，守着自己的一小片天地，还觉得自己拥有了全世界。

有很多人寄希望于一句话、一本书、一个视频彻底改变自己的人生，如果人生真的这么容易改变的话，那还叫什么人生啊。

人生是一个艰难、复杂的长途旅程，需要不断地去做、去开拓，而不是"知道"。

停留在知道层面，人生也就停留在知道有美好生活的层面。能够做到，人生才会向前走到美好生活。

05

越是不爱自己，
越是没人爱你

你习惯了每天给他一百颗糖果，
他也习惯了每天接受一百颗糖果。
而偶然一天，你只给了他九十九颗糖果，
他低头数了数，生气地指责说："为什么少了一颗糖？"
你敢不敢鼓起勇气问："为什么你从不回我一颗糖？"
当你把爱情当成唯一的时候，你就失去了自己。

1

嘉嘉恋爱了，和第一个让她心动的男孩。

"是我暗恋的那个男生向我表白了啊！我就知道，在我喜欢他的七年时间里，他也喜欢我！"她兴奋地喊着。

嘉嘉在高中时，喜欢上了隔壁班男生。

高一开学时，她和同学抱着一摞书走在路上，书撒了一地。从后面跑来一个男生，帮她捡起来。

"他半蹲在地上，把书递过来。当时阳光正好，照在他的脸上，睫毛好长，真好看啊。"嘉嘉很多次带着幸福的表情描述这个场景。

我听过太多次了，以至于后来她刚一说出上半句，我就自然而然地接上下半句。

她喜欢看爱情影视剧、爱情小说，最大的人生愿望就是找到命中注定的白马王子，从此过上幸福的生活。

"就是他了，我找到了！"嘉嘉笃定地说。

高中忙着学习,又是隔壁班,根本没有什么接触机会,不过是课间走廊上偶然擦肩而过,或是学校大型活动时匆匆一瞥,或是排队打饭时不经意撞见。

高中有两个餐厅,嘉嘉喜欢一餐厅的饭,固定去那里吃饭。后来她发现这个男生经常去二餐厅,嘉嘉也就转移了就餐阵地。

"我发现二餐厅的饭可好吃了,以后我就去那儿。"嘉嘉一脸喜悦。

"依我看,并不是二餐厅的饭好吃吧。"我戏谑道。

高中毕业后,大家散往天南海北上大学。大学里,好几个男生追过嘉嘉,但她不为所动。

毕业后,嘉嘉有很多留在大城市工作的机会,但当她知道那个男孩去了家乡的银行上班后,她执意考到了同一个单位。

"好巧啊,没有早一步,也没有晚一步。我单身,他也还是一个人,是不是命中注定啊?!"嘉嘉的文艺爱情脑脑补出一个唯美的故事。

"喂喂,别太沉迷了哦。"

再后来,就是开头发生的故事了——男孩向嘉嘉表白了。在嘉嘉暗恋七年后,他们正式谈恋爱了。

跨越七年的双向奔赴,这浪漫的爱情故事,让她仿佛成了爱情剧的女主角、文艺小说的主人公,幸福得晕头转向。

"我好幸福啊,我好幸运啊。"这是她刚谈恋爱时经常挂在嘴边的感叹。

嘉嘉是独生女,父母条件很好,给她买了一套公寓。但男孩家境不太好,刚毕业没钱,只能租房住。嘉嘉经常去男孩二十平的出租房,为他洗衣做饭,一副小娇妻的模样。她还用自己的全部存款,为男孩从头到脚置办高级服饰和手表。

她从小就是千金,没怎么做过家务。尽管认真学习菜谱,她也常常不得要领,要么咸了,要么淡了,要么煳了,要么生了。如果不是听她讲,我还不知道,原来做饭也是需要经历九九八十一难才能取得真经的。

冬天,我发现嘉嘉的手很糙。"怎么回事?"我问。
"洗衣服洗的。"
"给他洗衣服?不是有洗衣机吗?干吗手洗?"
"手洗才表示心意嘛。"
"他没有阻止你吗?"
"他夸我贤惠,还说手洗比机洗更干净。"她一副骄傲的模样。
她看我生气了,补充道:"我是自愿的,这才是爱情啊!"

后来,半年时间嘉嘉没有主动联系过我。我每次约她出来玩,她都用各种理由拒绝。

她在生日那天深夜喝醉了来找我。到了我家里,她大哭。我没问原因,直到她自己说出来。

原来,男孩说嘉嘉爱参加聚会,不着家,她就不再和朋友出去玩了。

男孩说嘉嘉花钱太厉害，她就删掉了淘宝和京东等购物软件，从此节衣缩食，证明自己日后可以与他同甘共苦。

男孩说去饭店又贵又难吃，嘉嘉就把下班后的大部分时间都扑在了练习厨艺上。说实话，她现在都可以从银行辞职开餐厅养活自己了。

男孩升职加薪，嘉嘉做了一桌好菜为他庆祝。男孩却说："什么时候你也能升职就好了。你看你，不思进取，工作能力太差了。"

是呀，你的进取心都放在工作上，她的进取心都放在你身上了。

嘉嘉生日这天，男生说自己加班晚点回家。直到嘉嘉收到一条信息，是一个女同事发来的，原来他们在一起已经很久了。

"我以为自己遇见了真爱，原来只是遇见了狗血。"嘉嘉声泪俱下，"我为他付出了那么多，为什么他就看不见呢？为什么他的心就这么硬呢？为什么他就不能多爱我一点呢？为什么我们认识了这么多年，就抵不过一个新认识的人呢？他究竟喜欢那个女孩什么呀？

"记得刚在一起时，他说把我弄丢了七年，现在终于找到我了，未来七十年要好好疼我爱我守护我。为什么啊？这明明才一年，还剩下六十九年啊，为什么他就要抛弃我呢？是我哪里不够好吗？"

我抱着她说："不是你的错，你已经够好了。"

嘉嘉本来自信美丽，拥有广阔的美好天地，和他在一起之后，越来越敏感自卑。

"有没有一种可能：这些年，只是你自己在单相思与单向爱？"这是我想对她说却没有说出口的话。

柏拉图说："原来的人都是两性人，自从上帝把人一劈为二，所有的这一半都在世界上漫游着寻找那一半。爱情,就是我们渴求着失去了的那一半自己。"

有一类女孩信奉唯爱主义。她们觉得在这世界上,天大地大,唯有爱情最大,除了爱情,什么都可以不要。

信奉唯爱主义的女孩相信很多事:

相信命中注定,相信前世今生,相信缘分刻在三生石上永不变,相信穿越茫茫人海必能遇见自己的灵魂伴侣。

相信自己就是高楼上等待被救赎的公主,相信英俊勇敢的白马王子一定能穿越重重障碍奔来。

相信美妙绚烂的童话故事一定能成真,相信遇见对的人就一定能过上幸福生活。

相信此生再难遇见如他一般的人,相信自己就是对方眼里独一无二的存在,相信一心一意一生一双人。

自我洗脑后,遇见一个深情款款走来的男人,就会产生诸多甜蜜的狂热的幻觉:这就是我生命中注定的唯一呀,他终于来了。

于是,你相信他的甜言蜜语与糖衣炮弹,相信他的海誓山盟与至死不渝,相信他的忠贞不贰与对天起誓。

在一起后,你嘘寒又问暖,知冷也知热,洗手做羹汤,振衣濯其足,事事为他考虑,件件替他周全。

恋爱脑女孩的内心极其复杂,有两种对立思维:

他不回你信息,你以为他不爱你了。

他不开口说话,你以为他不爱你了。

他看了一眼别人，你以为他不爱你了。

与此同时，你也极其体贴，主动为对方开脱找台阶下。

他不在你生气的时候哄你，你会想：他只是不会表达罢了，其实他很爱我。

他没有时间陪你，你会想：他只是工作很忙罢了，其实他很爱我。

他没有给你买礼物，你会想：他只是暂时没有钱罢了，其实他很爱我。

可是，他不哄你，转头却温柔地去哄别人。

他没有时间陪你，却忙里偷闲去陪别人了。

他不给你买礼物，是因为攒钱给别人买了。

两种矛盾的思维，同时存在于同一个人不同时期的头脑中，激烈碰撞，凶狠斗争，最后你发出一句深深的疑问：他究竟爱不爱我啊？

你从之前那个独立、自信、美好的人，变得易急、易怒、易躁，开始怀疑自我价值、存在意义，逐渐走向自卑与脆弱。

你从大树瑟缩成了小草，从平原走向了洼地，从广阔空间挤进了狭窄暗室。你的爱，最终让你无立锥之地。

恋爱脑的女生一般都心软。

心硬的人，刀向外，刺向别人，保护自己。

心软的人，刀向内，刺向自己，讨好别人。

剜肉割骨，证明自己真心付出与值得被爱，何必呢？

你沉浸在自证深情的举动中，对方却作壁上观，觉得你好傻啊。

向外求爱，形成恋爱脑；向内求爱，形成自爱脑。

你能为男生放弃所有，男生也能因各种原因放弃你。

你把他当心上人去上心，他把你当预备胎去预备。

网络上流行一句话：女人的不幸是从心疼男人开始的。

这句话虽然有些偏激，但是不失为一颗提神醒脑的薄荷糖。

为什么不要心疼男人？

因为女人天生就具有母性，一旦开始心疼，就容易把自己代入母亲的角色，把对方当成小孩，心甘情愿为对方付出，过度牺牲自我。

爱情建立在双方平等的基础上，而这从一开始就失去了平衡。你默默付出，他轻松享受你的关怀和爱意。你开始自我催眠，认为他的微笑就是对你深情的回应，从而更加坚定地认为你要持续付出。

他喜欢穿某个牌子的鞋子，你给他买了一双。

他喜欢吃某个口味的坚果，你给他买了一堆。

他喜欢听音乐，你给他买了好看的小音响。

他喜欢读书，你给他买了一年也看不完的书。

手笨的你，第一次花了很多心思和时间，被扎好多针，仍坚持做完手工送给他。

你还把自己觉得好吃的、好用的、好玩的、好看的、好听的东西，全都买给他。

他收了全部的礼物，心安理得地享受着你的好，可是，从来不回报给你任何东西。

你安慰自己，付出本身就是幸福的一种形式。你无条件地不计回报地付出，单纯希望他开心，尽管他从未说过"谢谢"，但那又有什么关系。

这种情况会持续多久呢？持续到他习以为常，持续到你不付出或少付出一点，他会反过来责怪你，好像你犯了什么错。

你习惯了每天给他两颗糖，他也习惯了每天接受两颗糖。而偶然一天，你只给了他一颗糖。他低头数了数，生气地指责说："为什么少了一颗糖？"

你敢不敢鼓起勇气问："为什么你从不回我一颗糖？"

他只是在一开始给了你一颗糖。往后的日日夜夜里，你只是靠咂摸这颗糖的甜度来度过。

信奉唯爱主义的女孩，输了自我，输了金钱，输了时间，输了青春，输掉了人生。

换来了什么？换来一地闪烁着虚幻光彩的爱的滤镜碎片。它曾经映射出美好的幻象，如今却破碎不堪，只留下令人心痛的残骸。

《大鱼海棠》里的鼠婆说："不要预设和别人共度一生。"

你见了他一面，就在脑海里预演了浪漫求婚、幸福生子、童话般快乐的一生。

喂，醒醒！你知道为什么童话只写到公主和王子结婚吗？

因为婚后的生活不敢写。

2

我收到过一位女生的来信,讲自己为了爱情千里迢迢远嫁,老公说会爱她一生一世。

婚后,老公经常出长差,感情维系艰难。女生一个人在家带娃伺候公婆,还想尽办法增进感情,很累。老公从来不沟通,也不体谅,只会逃避。

女生问我如何维持爱情,问我老公还爱不爱她,如果不爱了,她该怎么办。

明明是两个人,却什么都要一个人去承担。

头痛不能只医头,脚痛不能只医脚。

有些时候,表面的问题让你忽略了最本质的。

心聚一起,即使相距千里,也似近在咫尺。

心若相离,哪怕咫尺之距,也如千里之遥。

来信说,虽然自己有诸多痛苦,但是都没有和对方讲过,因为对方性格较粗犷,难以细腻地体会这些。

其实,无论何种性格的人,他愿意体会的话,就能体会到;他不愿意体会的话,大可以装作不能体会。

问问自己:假如你们长时间生活在一起,这些感情上的问题会消失吗?

很可能不会。

之所以把感情问题归结为距离问题，可能是因为害怕面对真正核心的问题。

而这个核心，你早就意识到了，不敢直面而已。

从根上找一找，你们的感情还在吗？还愿意为共同生活而努力吗？愿意体谅彼此吗？愿意为这个家庭共同承担责任吗？

聚少离多的感情要想维持得好，当然有很多技巧。但所有的技巧都只是锦上添花。

得先有一片"锦"，否则，你的"花"绣在哪里呢？

现实多扎心，可是你不想亲手戳破自己的梦，宁愿迷糊地生活在幸福的泡影里，也不想清醒地活在痛苦的现实中。

到最后，你飞蛾扑火般付出全部的青春、精力、金钱、时间、心意后，才看透了一个让你倒吸一口凉气的事实：他的付出只在口头，他的口头只是承诺，他的承诺只是迎合，他的迎合只是想让你付出罢了。

有没有发现，你相信的全部是口头承诺？但凡你捂住了耳朵，学会睁眼看看，你就会明白，他所有的承诺只是空谈罢了，他根本就没有付诸行动，根本就没有行动的意愿。

你就是他最强的辅助，只要他说一句情意绵绵的话，你就可以从这句话延伸和幻想出千千万万种爱的韵味。

为什么他不去行动呢？因为没有必要，他不必行动，就已经能够俘获芳心了。

这么多年，只要有人来问我情感问题，我都会给出这个直接且中肯的建议：捂上耳朵，让对方像是失声般。

当你学会了捂上耳朵、睁开眼睛，你才能够从对方营造的甜言蜜语的氛围中挣脱，清楚地看到他真实的模样。

很多女生经常抱怨：为什么我识人不清？为什么我总是遇见错的人？不是你看不清，而是你不想看清，你总是对他抱有期待，期待他是你理想中的模样。

信奉唯爱主义，是因为内心匮乏。你所迷恋的，恰恰是你匮乏的。你迷恋金钱，是因为匮乏金钱；你迷恋爱，是因为匮乏爱。

爱情很重要，但爱情并不是人生的唯一。

当你把爱情当成唯一的时候，你就失去了自己。

网上有段话讲得很好："有时候觉得，爱一个人的感觉就像是在赌。你押上你的时间、你的精力、你的一整颗心，想要他回头看你一眼，再一眼。你押得越来越多，越来越舍不得收手。有的人赢得金玉满堂，有的人输得分文不剩。别说你不求回报，上了赌桌的人，没有一个想空着口袋走。"

恋爱脑并不是真的不计较付出，而是想要付出十分、得到一分。你以为自己付出得越多，就能收获越多的回报，你想要证明自己值得被爱、有价值。其实，如果你能把爱别人的精力用在自己身上，就不需要向外求证了。

所有让你心生疑虑的人，都不是真的爱你。真正的爱，你一定能感受到。如果你感受不到，那怎么能算爱呢？

3

漫霜递上辞职信的时候，整个部门都惊呆了。

三十岁那年，她遇见了心上人，闪婚闪孕。她怀孕也没有耽误工作，依然把项目运作得很好。产后二十八天，她就回来上班了，请了月嫂帮忙带娃。

但没过多久，她便要辞职。

"你的项目马上要出成绩了，为什么在这个节骨眼上离开呢？"我好奇。

她笑着说："月嫂带孩子，我不放心，这几天孩子总生病。我老公说不如我回家，全心全意照顾孩子，反正我挣的工资不如他开公司挣的零头多，他会好好养我的。想想也是，如果这个家必须有人照顾孩子，只能是我了。我想成为他的后盾，让他心无旁骛专心创业。"

辞职后，她的朋友圈成了晒娃的基地：娃儿笑了，哭了，病了，痊愈了，会爬了，会站了，会走了……

我和她的众多好友们，围观了一场历时三年的人类幼崽真实成长展。

有一天，收到她的信息："一起喝杯咖啡吧。"

再见面，她是贤妻良母的模样，高跟鞋换成了运动鞋，单肩包换成了帆布包，素颜简衣，有些憔悴。

061

她给我讲了这三年回归家庭的故事。

"我感觉不到自己的价值,一千多个日子里,就只有孩子。他总是在无穷无尽地加班,我知道他辛苦,可是,说实话,照顾孩子比工作累多了。这三年,我没有睡过一个整觉,没有参加过一次聚会,因为孩子离不开,我哪怕离开五分钟,他就会哭闹起来。刘总有一天给我打电话,她要出去单干,邀请我做她的合伙人。这个邀请就像一个魔咒,诱惑着我。我考虑了三天,和我老公说了自己的想法,想去工作。"

刘总是她的前任领导,三年了还能记起漫霜,是因为她的能力真的强。

"我老公的第一句话是:'那孩子怎么办?'"

"我说:'孩子上幼儿园了。'"

"他说:'你在家还可教教孩子。'我说:'我们可以请家教。'他说:'现在的家教还不如你学问好。'我说:'我难道在你眼里就是免费的保姆与家教?'他说:'你并没有免费,我每月不是给你生活费吗?'我气急了,说:'你给的生活费还不如我以前工资的一半。'他说:'那不错了,你现在也没有工作啊。'"

"他说:'我养着你,你什么都不用做,不是挺好的吗?有吃有喝,带带孩子,没什么累的。不然你现在出去,还能做什么?如果你闲得没事,不如生个二胎养养吧。'"

她叹了一口气,继续说:"我以为我放弃了工作,放弃了晋升,放弃了很多可能性,我以为他能看得见我的付出。是我太天真了,他真的什么都看不见。在他说出那些话时,我看到了一现而过的轻蔑。我再这样下去,就会成为一个毫无价值的废人。我已经失去了和他平等谈判的资格,我不知道还能说什么。日复一日地消磨在厨房与客厅里,这不是我想要的人生。

"从前,我的梦想是成为职场中叱咤风云的人,做一些可以微微改变世界的事。没想到,我的学历、我的知识、我的阅历、我的能力,如今全部用来投注在做幼儿辅食、读幼儿绘本、陪幼儿成长上。我吃了二十多年学习的苦,并不是为了只当一个妈妈,而是为了成就自己啊!我以为回归家庭能更加幸福,原来这个家是一个牢笼。"

他从前说要养她,她以为是无条件地养,让她继续有尊严、有梦想。

现在她才明白,原来是有条件、有代价地养,使她无尊严、无梦想。

"或许,在他眼里,我只是一个能生育、高学历、很用心的性价比极高的集保姆与家教于一体的全能型廉价员工。原来,在他眼里,育儿、做家务、照顾家庭根本不是工作,只有换成对应报酬的劳动才是工作。可是,这个世界上,最累的岗位就是妈妈呀。谁给妈妈们开工资呢?"

某某的妻子、某某的妈妈,你也是有自己名字的啊。

"是谁来自山川湖海,却囿于昼夜厨房与爱?"

是信奉唯爱主义的女孩。

我看到,她正在一点点地凿穿昏暗温室的墙壁。她并不需要什么建议,因为她已经有了自己的主意,她需要的是倾听、理解与支持。

漫霜离婚了。为了得到孩子的抚养权,她懒得扯皮,净身出户。她与刘总合伙创业,生意做得风生水起。

"有钱有闲有娃,不要太爽了。"她后来见我的第一句话就这么说。看她的表情,我知道,从前那个骄傲自信的她回来了。

我还听说,有好几个比她年轻的男人在追她。

提出"维持爱情"这个命题的,大多是女性,而非男性。

为什么?

因为男性的生活太丰富了,关心的事情太多了,除了爱情,他们还有事业、朋友、娱乐、爱好、自我发展等。

反观爱情中的女性呢?

有工作的话,中心就是工作和爱情;如果没工作,那就只剩爱情。自我、朋友、娱乐、爱好等,都在爱情中泯灭了。

传统价值观教育女性要为家庭牺牲,因此,很多女性打碎了牙齿往肚子里咽,一边吞血一边哽咽悲伤地说:"为了孩子,为了这个家,我可以忍着。"

忍到什么时候?忍到生命结束的那一天。

毫不夸张,现实生活中有太多这样的例子了。

别人是快快乐乐过了一生,这样的女性是忍气吞声过了一生。

这个世界总是教育女人要追寻爱。仿佛只要得到爱,就能幸福快乐地过完一生。

真相是,越是索求,越是弱势,越是卑微,越是得不到。

人就是这样,哪怕在爱情中,慕强还是本质。

强指诸多方面,可以是经济地位、事业前途,也可以是内心坚定、精神丰盈、外在美好。

你，首先得是你自己，其次才是某人的妻子、某人的妈妈。你要以自己为中心，而不是以别人为人生的中心。家庭并不是你的唯一，不要围着孩子、厨房、客厅转悠。这一生一世，先为自己而活。

这不是自私，而是你作为一个独立个体获得价值、获得幸福的途径。

以别人的价值为中心的人，通常会丢掉自我价值。

一个丢掉自我价值的人，如何获得别人的肯定呢？

当你过得活色生香，自然会有人驻足欣赏。即使没有，你也享受了自己的丰盛美好。

当你内心坚定，不再需要别人提供情绪价值的时候，往往很多人会主动为你贡献情绪价值。

爱情只是我们和世界建立联系的一种通道，而非全部。

女性究竟如何在爱情中获得幸福？

答案是，把爱情当其一，不当唯一。

爱情这东西真的很神奇——当你执着于追爱的时候，它会离你越来越远；当你全身心放松、回归自我的时候，它反而会追着你跑。

06

你以为身处时代前沿，其实被困在信息泥潭

链接强大的信息流，其实是一场幻觉。

这场幻觉的前调是扬扬得意、自信张扬的，

中调是迷茫混沌的，

后调是痛苦且不可自拔的。

你怕被他人孤立，被时代抛弃。

你的确没有被时代抛弃，你只是被时代淹没了。

1

二十一世纪的某个年轻人的一天：

早上六点，闹钟响了。他拿起手机摁掉了铃声，无意间看到了推送的弹窗消息：男明星某某疑似出轨。

这消息比闹钟还管用，他立刻从昏睡状态清醒过来，点进那条消息，看到了更具体的信息。原来是这位明星的妻子写了一条微博，大意是：八年婚姻抵不过一日新人，情深义重抵不过人心凉薄。

他立刻把这条消息发到好友群，一看，未读群消息竟有九十九条，五点半就有人转发了。大家义愤填膺慷慨陈词，要么是谴责痛骂男明星见异思迁，要么是为他妻子鸣冤诉苦。

他也积极加入群聊，热火朝天地聊起来。群友们一会儿讲身边的出轨故事，一会儿延伸到前女友、前男友的故事，共鸣如同浪潮，一波未平，另一波又起。

忽然有人说："七点了，赶紧去上班，要迟到了。"

他惊坐起来，穿衣洗漱，热了昨晚买的两个包子，狼吞虎咽吃下,飞奔而去挤地铁。

地铁上,手机又弹出惊天消息:明星某某的道歉音频泄露。

"又是大瓜!"从人缝中掏出耳机,艰难地戴上,听到了深情忏悔的声音:"对不起,我错了,我不该……我只是犯了一个小错误,原谅我,我再也不会了……我以后改邪归正,一定对你好……"

音频断断续续,如泣如诉。

听完音频,滑至评论,刷到高赞:"他只不过犯了一个全天下男人都会犯的错误。"

他食指点赞,以示同意,接着两指熟练截图,扔到群里还加一句冷笑:"呵呵。"

到了公司,主管开会,他心里还挂念着网友对这件事到底有什么看法。

开完会,见缝插针拿起手机,看到某个博主贴心地整理了该明星与妻子的婚恋时间线:哪年因戏生情,哪年第一次被人拍到约会,哪年公开浪漫求婚感动千万网友,哪年百万婚礼甜蜜嫁娶,哪年幸福生子公开晒照,哪年生日又发了什么糖……

下午,又发现一个博主剖析出轨的蛛丝马迹:哪年哪月该明星的海外出游照的背景山脉与"小三"晒照的角度一模一样,哪年哪月该明星晒出的酒店自拍照右下角露出的一块衣服与"小三"曾经穿过的一模一样,哪年哪月该明星发出的一段博文每行首字连起来竟然是"小三"的名字……

划到评论区,高赞评论是"再也不相信爱情了"配一个哭泣的表情。单指向上划了几页,找到一条评论:"当代福尔摩斯!"他在此评论下留言:"就在找这个!"

突然感觉主管的目光从斜对面看过来,他摁灭手机,继续工作。

下了班,一边吃晚饭,一边看某个UP主(视频作者)剪辑的视频,是明星和妻子之前的甜蜜互动,标题是:他们曾爱过。

几分钟短视频刷完,看到自己关注的美食UP主更新了吃播,一边看一边觉得自己的晚饭"吃了个寂寞",于是叫了一份高热量外卖。

吃外卖的时候,刷了几个豆瓣高分电影剧情讲解,浏览了几条新闻,分别是国际局势变化、某场球赛结果、国外某个地区发生了枪击案。正准备放下手机干点正事时,好友发出"开黑"请求。总不能拒绝吧,犹豫着就接受了。

打完游戏,已经十一点了。摸摸自己滚圆的肚皮,后悔不该吃外卖,是时候减肥了。打开了运动区视频,看看怎么在十分钟之内减肚子,怎么在五分钟内瘦小腿。大半夜看UP主挥汗如雨,自己好像也同步运动了似的,非常满足。

这时,已经深夜十二点了。此刻,他有些后悔,啥正事都没干,光看手机了。于是,他打开关注的学习UP主,看他们又推荐了哪些有意思的书,买了哪些有趣的学习用品。接着下单买了同款笔记本,丝毫不顾之前买的一堆本子还是空白页。

突然发现已经凌晨一点了,感觉自己又浪费了一天,心有不甘睡不着,不如现在争分夺秒去学习。拿出一本书,刚看目录就昏昏欲睡,不如去睡吧。睡前最后看一眼手机,又炸群了。原来,这个明星不是出轨了一个人，还有一个人跳出来说了与他情比金坚的暗线故事。

这个人的写作能力很强，洋洋洒洒写了几千字。他一字一句读着故事，感叹太绝了。

偶然刷到爆笑视频集锦。都这么晚了，不如放松一下，他"哈哈哈"跟着笑起来。

凌晨两点了，想着明天六点半起床，仅剩四个半小时了，刚好刷到了一条消息——"晚睡影响寿命"。惜命的他吓得赶紧关机，入睡之前还在想：明早醒来，会不会再有一个人出现控诉明星呢？

这就是普通人被手机支配的一天。

每天早起的第一件事是看手机，每天睡前的最后一件事也是看手机。

你觉得自己身处时代前沿："吃瓜"线上你上蹿下跳，对国际政治你高谈阔论，对经济局势你说东道西，看足球比赛你左冲右突。

你感觉自己的世界丰富又宏大，你关心政治与经济、社会与文化、环境与生态、明星与众生，唯独忘记了关心自己。

忘了关心你的行业有什么新发展，你的专业有什么新突破，你的业务该怎么做，你的客户该怎么跟进……这些，你统统漠不关心。

网上有个很有意思的小调查：如果你身处荒岛，只能带两样东西，你会带什么？

大约90%的人都选择了食物和手机。

评论区，很多人恐慌地议论：荒岛上没有电，没有网络，该怎么办？

现代人得了一种病：手机综合征。这是一种除非有坚强的意志力，否则就无法根治的绝症。

是谁把自己的人生圈进了小小的手机空间？

是谁把自己的生活囚禁在狭窄的网络世界？

地铁上，你环顾四周，会发现：左边的大哥握着手机全神贯注地看网络小说，右边的大姐托着手机一脸幸福地看甜宠网剧，前面的小朋友举着手机笑嘻嘻地看动画片，后面的大爷脑袋后仰半眯眼睛刷土味视频……

将近一千年前的《清明上河图》描绘了北宋年间的繁华街景，画上几百个人物形态各异。

我想，如果有画家绘一幅当代街景，可能会是千人一面：上班族拿着手机打电话，喝咖啡的人拿着手机刷消息，潮人拿着手机在拍照……

当代民众啊，对手机执念太深！

2

我的童年没有手机，甚至没有电话，有的是——肥皂泡水抓一抓，浮起无数绚烂的泡泡；吹一下蒲公英，漫天都是小飞伞；带着几个小伙伴挽起裤腿下溪捉鱼捕虾；冬天雪后和邻家玩伴一起堆雪人；夏日雨后踩着水坑玩泥巴，看谁能用泥巴做出更好看的造型；漫山遍野撒丫疯跑，丢个沙袋，打个弹珠，抓个石子，跳个皮筋，玩个过家家，都乐得咯咯大笑……

黄昏，炊烟升起，各家妈妈扯着嗓子在巷子里大声喊自家娃儿的名字，此起彼伏地响起孩子们的答应声，惹得狗儿一连串的汪汪声。

晚饭后，约上一条街的小伙伴，闻着四月的槐花香，一起躺在房顶数星星，讨论哪个是牛郎星，哪个是织女星，哪个是北极星……

小时候的喜悦简单又真切，小时候的开心纯真又深刻。

那时候没电话，没手机，电视一过晚上十点自动雪花屏，饭菜来来回回就是馒头、青菜与粥，但那时候的人就是特别容易满足。

现在呢？

打开手机，知晓天下事；打开外卖 APP，吃到天下菜；打开心扉，却难交到朋友了。人更孤独了，快乐也更难了。

每一天，都有巨大的信息流轰然而下淹没你，各种 App 令你目不暇接。

这些信息像从山上倾斜而下的泥石流，带着野蛮的生猛的力量冲向你。你每天就在横冲直撞的泥石流中站着，迎接大块的石头、黏糊的沙土和肮脏的泥水冲击。

当你被石头、沙土、泥水淹没，虽疲惫不堪，隐隐觉得不适，但有一种链接了全世界、保持信息通畅的快感。

有人从你的身边经过，你用手胡乱抹一下糊在脸上的泥水，转头微笑佯装体面地侃侃而谈。

被冲击得再痛，你也不敢躲避泥石流，你怕他人突然聊起了哪块石头、哪粒沙土、哪捧泥水，而自己因为某一秒的错过，接不上别人的话头，显得尴尬又无知。

你怕被他人孤立，被时代抛弃。

你的确没有被时代抛弃，你只是被时代淹没了。

你无法逃脱集体主义，你不敢张扬个人属性。你像一枚坚果，用坚硬的外壳包裹住柔软的内心，向外展示无坚不摧的自我。你和别人一样时，才会感觉安全。

链接强大的信息流，其实是一场幻觉。这场幻觉的前调是扬扬得意、自信张扬的，中调是迷茫混沌的，后调是痛苦且不可自拔的。

周末的早晨，你很无聊，随便打开手机放松一下。等你从纷杂的信息流中抬头时，发现天色已晚。"手机一分钟，人间又一天。"

长期沉浸在信息流中，你的感官变得麻木，对什么都提不起兴趣，对什么都感觉无所谓，觉得没劲、没意思。眼神呆滞，嗅觉失灵，听觉迟钝，食不知味，睡不安逸，整天都很忙，但又感觉在瞎忙。

你的腱鞘开始发炎，你的颈椎开始僵硬，你的脑袋开始疼痛。你去看医生，医生开了药方后语重心长地奉劝了一句："年轻人，少看手机吧。"你的眼睛从手机上离开，抬头看着医生尴尬一笑。

你的微信上明明有那么多人，孤独的时候，你却不知道要点开谁的头像联系。你怕他在忙，你怕他疏离，你怕他冷漠，你怕自己被讨厌。

以前你们相隔千里，还坚持每月互相写信诉说生活，而现在，一秒钟就能找到对方，你却反复思量、欲言又止，不知道怎么开口说第一句话。最后,你默默关闭了对话框。

没有手机之前,我们只有一个世界。

有了手机之后,我们有了两个世界:线上与线下。

你以前是社交达人,现在依然是。只不过以前是在线下,在人群中;现在是在线上,在微信群中。

以前为了看朋友,可以坐两天一夜的绿皮火车硬座到他的城市;而现在,你只喜欢待在自己熟悉的微信群里唠唠嗑。

哪怕和朋友在同一个城市,你们一年也见不了两面,你说太忙,你说堵车,你说等抽时间。

其实,你没那么忙,路上车没那么多,你的时间不用刻意抽取也很充裕。你只是懒得动了,身体和心理都懒得动。

更可怕的是,你已经很久没有那种发自内心的愉悦感。

萎靡的自我、混乱的内在、干涸的精神、麻木的神经、失控的秩序,无时无刻不在侵扰你。

这就是心理学上的"精神熵"——心灵因缺乏管理而陷入混沌失序的状态。

当代大环境下,很多人呈现虚浮的精神状态。精神虚浮时,人们很容易沉迷在一些让自己轻松愉悦的事物当中。耽溺欲乐、沉迷享受,是一种逃避。

3

信息流最恐怖的，是入侵了我们的潜意识。

潜意识是决定你未来命运的关键要素之一。打开你的潜意识之门，看看里面都是什么。

潜意识的内容受什么影响呢？

简而言之，就是你所接触的一切事物——你见过的人、看过的书、听过的话、做过的事、浏览过的信息，都会经过层层过滤，沉淀在你的潜意识当中。

你今天刷了几个内容无聊的短视频，你感觉无所谓，看看就过了。但是，它们会不自觉地被收集到你的潜意识当中。你的潜意识就像一个打开了瓶盖的瓶子，源源不断地汲取你在现实层面接触的所有东西。

你接触的信息是鲜活的、优质的，那么你的潜意识也是非常干净、具有正能量的；你接触的信息是嘈杂负面的，那么你的潜意识就是污浊肮脏的。

你靠近了什么，你的潜意识就会涌入什么，而且，是润物细无声地涌入的。最可怕的是，你根本意识不到这是怎么发生的。

潜意识绝对是生命中最值得保护的资产。

应该怎么保护潜意识？

对一切离自己近的人事物与信息流，都保持警惕，进行审视。

如果想要出淤泥而不染，你就得拥有强大的阻断能力和筛选能力。如果你不能做到，尽量让自己待在净水中，别沾染淤泥。

如果你不想成为淤泥的一部分，就尽可能离淤泥远一点。

如果你不想成为垃圾信息的一部分，就尽可能离垃圾信息远一点。

当你不停地刷大数据推送的短视频，你就像是被关在动物园里的动物，一直吃饲养员投喂的食物，逐渐变得肥头胖耳。

注意力分散、专注力下降、潜意识被染污，这些都是信息流带来的灾难。

你敢切断信息流吗？你敢在周末关机一天吗？

你怕错过天大的新闻，你怕错过领导的电话，你怕错过恋人的消息，你怕错过 UP 主的新视频，你怕错过好玩的事情……

所以，你不敢。

但其实，如果你真的尝试一天不开机，你会发现，你根本不会错过任何重要的消息，反而会收获不一样的生活。

你的心不慌了，你的气不急了，你的精神不游离了。

你可以缓慢而坚定地开启美好的一天：

看着轻柔明媚的阳光从窗外洒进来，懒洋洋地伸伸腰，随手翻开床头的书读几页，内心平静温暖。冲一杯咖啡，配上面包、水果、鸡蛋、坚果，简单又丰富的早餐，让你元气充足。

上午，开启你的学习计划，啃读专业知识，背诵一直想学的外语，或者看感兴趣的书。

中午，在温暖的阳光中，惬意地午睡半小时。

下午，认认真真地收拾房间，把当季的衣服拿出来全部洗一遍，晒在阳光下，把过季的衣服打包装进衣柜，把过期的护肤品、化妆品、零食，果断扔进垃圾袋。

晚上，煲一锅味道鲜美的汤，营养健康。

晚餐过后，去街上悠闲散步，看人间烟火。路过花店，带一束鲜花回家。

你突然发现了一个神奇的魔法：

睡醒开机，睡前关机——一开一关之间，一天匆匆而过，仿佛白驹过隙，感觉自己是时间上的穷人。

睡醒关机，睡前开机——一关一开之间，一天缓慢悠长，感觉自己是时间上的富翁。

打开手机，目不暇接地浏览了很多内容，一回顾却好像什么也没干。

关上手机，神安气定地做了很多事，日程表上画满了对号。

开机一世界，浮躁又忙碌。

关机一世界，平心又静气。

敬守此心，则心定；敛抑其气，则气平。

在没有手机的日子里，你找回了心灵的安定、精神的丰足、生活的美好。

放下手机，你可以做什么？

你可以冥想。

我们都知道清扫房屋，身体才会舒适。

冥想就是对心灵的打扫，把一切脏污无序的东西从心里清除出去。

心灵是有生命的，要么在向上生长，要么在向下萎缩。

给心灵营造一个安静的空间，让它安逸舒适，好好生长。让萎缩的自我，在干净适宜的心之居所一点点舒展，就像呵护一朵干枯的花，让它重新绽放生命力。

冥想可以随时进行。不必正襟危坐，你可以在任何一个舒适的地方，躺或者坐，让心深沉地落入宁静的空间。这个空间不是封闭的，而是敞开的、亮堂的、广阔的。

不一定听专门的冥想音乐，听一些你喜欢的悠扬的轻音乐也可以达到效果。你要学会筛选适当的音乐，让音乐去养心，让心恢复弹性、柔软、鲜活。

心之居所干净了，你的能量才有落脚地。

放下手机，你也可以走入自然。

我们的祖先本来就生活于旷野上，现代文明将我们框在了钢筋泥土中。我们靠近自然，就是在靠近古老血脉中蓬勃旺盛的力量，与消失已久的能量重新链接起来。

大自然里的风、云、雨、树、山，是宇宙真正的宠儿。人生只有百年，它们却是生生不息、亘古永存的。从大自然汲取能量是非常有效的。

不是走马观花，不是浅浅欣赏，而是真正驻足，用心和身体去感受那长远的浑厚的鲜活的气息。

持久地、平和地、宁静地，凿穿这种链接的通道。

让你的浮躁在这里蜕皮，让你的虚荣在这里丢弃，让你的身体与自然的能量融为一体。

你可以用任意一种方式去理解自然，可以写成最深最真的文字，可以倾听自然谱写的音乐，可以在自然当中起舞，也可以在自然中观照内心的自我。

打开觉知，让自然成为一面纯净的镜子，照见自我的渺小与躁动。同时，去接纳来自自然的稳定、深沉的能量。

自然与你的链接，就像一朵云慢慢推动另一朵云，就像一阵风轻轻撞上另一阵风。

看到时间流逝，你才会意识到生命的有限，才能真正理解一定要珍惜自己的注意力。

你的身体沉浸在宇宙的恩赐当中，浸润在饱满的绿、和煦的风、干净的空气中，见天地之大，增强能量。

当你意识到手机是盗窃你时间的"小偷"，网络是囚禁你肉体的"监狱"，短视频是阉割你精神的"利刃"，你还会心安理得、一如既往地刷手机吗？

有意识地分情况戒断手机，真实地与这个世界发生链接，欣赏周围的事物，做好当下的每件小事，让你的意识回归理性与干净，让你的精神恢复柔软与弹性。

07

痛苦的原因，
是你对痛苦上瘾

你之所以继续痛苦，

是因为这痛苦还没有抵达你耐受的临界点。

如果现在的痛苦让你差点窒息了，

就要取你的性命了，

你一定会原地跳起，拼命摆脱。

1

不得不说,这届年轻人太玻璃心了,动不动就拿痛苦说事,好像痛苦是块勋章,挂在胸前就享受了至高无上的荣耀。

小秋就是那个天天喊着"我很痛苦"的人。

你说她没时间吧,她天天在朋友圈写长篇大论的作文,详细说明自己有多痛苦。

你说她有时间吧,她的朋友圈签名是:我很忙,不闲聊。

她忙啥呢?很可能是在忙着晒自己的痛苦。毕竟痛苦那么多,总需要时间去消解。

你看了她一周的朋友圈,就能明白她有多痛苦了。好像老天爷就这么偏心,把一锅苦全泼在了她的身上。

她干着一份自己极其不喜欢的工作,每天上班如上坟,极为枯燥,没有一点乐趣,也没有升职加薪的空间。但是这个公司流行加班文化,不管活儿是否干完,都一个比一个下班晚。因为下班晚等于拼命工作,按时完成工作、按点下班回家,则等于没有尽心尽力,不是一个合格的打工人。

小秋每天极其详尽地在朋友圈细数领导、同事、工作的罪状:上司总是给她穿小鞋,同事总是让她背黑锅,职场上没有一个知心人,还总是怀疑别人在背后说她的坏话。当然这个微信小号的好友里是没有同事的。

我说:"你这么痛苦,不如换个工作试试。"

没想到,她回了一串消息:

"你以为换工作就像点外卖一样容易呀?现在大环境不好,就职不易,多少大学生都找不到工作,毕业就失业了。我辞了这个工作,下一个找不到怎么办?到时候会更惨。再说,我也没有什么太高的技能,很难找到更好的工作。先混着呗,等有了合适的机会,我一定会摆脱这个公司,真的待不下去了。"

回完我,她又在朋友圈里发了一条"励志"语录:"即使世界以痛吻我,我也要报之以歌。"

这意气风发的劲头,这乐观坚韧的风骨,佩服佩服。

若能把这写小作文发朋友圈的能力,用在提升文案写作上,我觉得她都能找到一个写文案的兼职工作,也不至于这么痛苦了。

为什么她这么痛苦,也不愿意改变呢?

是因为改变太难了,而痛苦又是那么容易承担。

之所以不去改变,是因为改变并不是说一句话就能发生的,改变需要付出很多努力,需要付出极强的意志力,还需要面对未知的迷茫与恐惧,可能会变得更好,也可能会变得更糟。

你在权衡了当下承担的痛苦和改变的痛苦之后,做出了选择,那就是继续当下的痛苦。因为这种痛苦是你能够承担的,是你已经适应的,是你熟稔的。

一句话,你之所以继续痛苦,是因为这痛苦还没有抵达你耐受的临界点。如果现在的痛苦让你差点窒息了,就要取你的性命了,你一定会原地跳起,拼命摆脱。

你说现在的工作让你痛苦,其实寻找新工作让你更痛苦。

提升技能多累啊,得发愤图强地学习,得日复一日地刻意练习,得积极进取地考证,得坐在书桌前忍受枯燥与厌倦,得牺牲游戏娱乐玩手机的时间。

寻找新工作多麻烦啊,得了解用人市场,得研究工作岗位,得修改简历,得去不同的公司面试,得一次次面对目标公司的挑选与抉择,还得面对没被选上的失落与压力。

改变现状多难啊,得付出心力去思考,得付出时间去布局,得付出精力去行动。

相比之下,抒发一下痛苦的情绪多简单呀。手机一拿,文字一写,朋友圈一发,就像在黑暗中举起一束燃烧的火炬,瞬间就聚集了一大批志同道合的厌倦职场的人,得到了他们气壮山河的呼应:

"我也是!太痛苦啦!"

"你和我简直一模一样!"

"我那同事也总是背地里黑我,我也没招他惹他。"

"早就想换工作了,奈何大环境不好啊。都不好混啊,原来大家都这样。"

有时候,你的痛苦来源于感觉别人都过得那么好而你过得这么差。当你两相对比,发现别人并不比你强多少时,你心满意足了,原来这世界上不是你一个人受其所扰,原来大家都有这样那样的痛苦。现在你舒坦了,平衡了,开心了,放下了心里的芥蒂。众生皆苦,不如我洗洗睡吧。

等你下次再感到痛苦的时候,继续来一次这样的程序。

承认吧,你根本不想改变痛苦的现状,根本不想根除这种痛苦,你只想要宣泄,想要被大家看到你忍受痛苦的不得已苦衷。你还借着宣扬痛苦,站在道德制高点,成为人群里的焦点,仿佛融入了时代,成为痛苦的代表。

你在改变的痛苦与适应现在的痛苦之间,选择了适应现在的痛苦。

人性就是这样,哪怕喊着自己已经痛苦到极致了,也不一定是真的。他只是想用喊口号的行为,稍微消解掉一些苦闷而已。

2

艾颖从学校毕业后,就和妈妈住在一起。妈妈说这样能每月节省几千块房租。艾颖觉得这样挺好的,毕竟刚上班没多少积蓄。

艾颖从小生长在离异家庭,妈妈一个人养大了她。她的妈妈有非常强的控制欲,总想让艾颖按照自己要求的生活方式来过。一有违背,她就大发脾气。

妈妈有很多规定：必须在十点前睡觉，如果十点钟还没睡觉，她就直接拉电闸；不能吃外卖，只能吃家里的饭菜；不能一个人出门旅行，女孩子独身在外特别危险……

如果她反抗，妈妈就会哭诉，讲她一个人如何含辛茹苦把她带大，这么多年，有多么不容易，一个女人放弃了再婚，就是怕孩子受委屈，天天吃糠咽菜，就是想攒钱让女儿过上好生活……

"我妈讲的那些话，我倒背如流。我知道她很辛苦，但我是成年人了，我想要自由啊。"她天天抱怨自己在家太憋屈了，明明二十五岁了，还要被妈妈拿捏，和十岁孩子没什么两样。

"那你可以搬出去住啊。"我建议。

她反驳："不行啊，搬出去，每个月多交几千元房租，加上吃饭的钱，我一个月工资所剩无几了。现在好歹还有存款，搬出去就月光了。还得自己搞卫生。"

"那这痛苦不是你自找的吗？"我说。

"你又想省房租，又想省饭钱，还不想打扫卫生，还不想被妈妈管着，这世界上的好事都被你一个人占完了呀。"这是我没有说出口的话。

你之所以没有搬出去，是因为你觉得搬出去的痛苦大于忍受妈妈的痛苦。

你的一切痛苦，本质上都是甘愿痛苦。痛苦都是你自己造成的，也是你自己允许的。

你没有钱很痛苦，是因为相比于努力工作、提升自己的苦，你觉得没有钱的苦不算什么；你胖很痛苦，是因为相比于坚持锻炼、节制饮食的苦，你觉得胖的苦不算什么……

如果这份苦真的把你逼到了悬崖边上，如果这份苦足够灼热，灼到危及你的生命，相信我，你一定会毫不犹豫地扔掉它。如果你没有丢掉它，说明它还不够危险。

可以轻飘飘说出来的苦，大都是没有分量的。每日叫嚣的苦，其实也不算什么苦。

真正的苦是什么？是说不出来的，是闷在心里的。

真正的痛苦，会促使你直接发生改变。

饮鸩止渴，是因为相比于渴，你觉得鸩酒的毒性你还能忍受，而且还能暂时解决口渴。

你左手右手掂量着，对比着，看看哪个重、哪个轻，总是非常巧妙地选择更轻的那一个。如果你的选择让你很痛苦，说明另一个被舍弃的选择会让你更痛苦。

两害相较取其轻，你很懂这个道理。

既然在权衡之下，你选择了相比来说不那么痛苦的，那么就别作天作地，一副快要痛苦死了的样子。明明已经是优选了，却搞得好像没得选一样。

人人都有选择的权力，但每种选择都有不同的代价与回报。

你选择了代价最轻的那个，却想要回报更高的另一个，这不是痴人说梦吗？

你现在的痛苦，只不过是不想承担另一种痛苦而付出的代价。

3

当下年轻人吃得最多的苦,无疑是爱情的苦。

爱而不得的苦、遇人不淑的苦、异地恋的苦、撕心虐恋的苦、分手失恋的苦……各种苦,在恋爱场上轮番上演。

阿慧就是一个吃了很多爱情苦的人。

她谈过几次恋爱,每一次都伤筋动骨,爱得死去活来,堪比八点档狗血电视剧。每次失恋的时候,她都大哭:"我再也不相信男人了,再也不想谈恋爱了。"

但没过几天,她就又有了新对象。不知道为什么,她总是能在追她的人当中,找到让她痛苦的人。

她带着新对象去见朋友,她的朋友偷偷告诉她感觉这个新男友不太好,有"海王"倾向。阿慧根本不信,还说别人是嫉妒她。

结果没过多久,一个自称是他女友的人找上门。在渣男痛哭流涕,低声下气地道歉后,阿慧大大方方地原谅了他。

当这种事情发生第二次的时候,阿慧找闺密诉苦,问到底应不应该原谅他。闺密火了,一而再再而三,这事情怎么原谅?让她趁着还没有结婚,赶紧分了。

但是阿慧舍不得,她整日沉溺在悲伤痛苦的情绪中,工作也屡出纰漏。

阿慧说:"他其实对我挺好的。他跟我说了很多道歉的话,他发誓要改过自新,我觉得应该再给我们一次机会。"

虽然很难理解，但就是有人喜欢享受痛苦。一边痛苦，一边自怜，这种让人匪夷所思的双向操作，才能让他感受到生存的意义。

如果生活一直很平淡，毫无波澜，他反而觉得没有意思。

为什么你舍不得抛弃痛苦？

因为痛苦给了你一种安全感，这种熟悉的安全感让你在痛苦中感受到了丝丝安逸。跳脱出熟悉的痛苦，你无法想象还有什么未知的痛苦在等着你。你害怕面对未知的痛苦，就躲在这种熟悉的、让你感到安全的痛苦中不能自拔。

说到底，你享受痛苦。

这句话听起来很费解，但就是有很多人在享受痛苦。

比如虐恋。虽然很痛，可是这种痛所产生的感觉，让你感受到了爱的属性以及爱的重要性，以为爱就是轰轰烈烈的。你本可以追求平淡，可是你不愿意，因为那就没有爱的感觉了。越痛苦，越舍不得放手，你沉浸在撕心裂肺当中，在痛苦中感受到了爱与自身的存在。

痛苦具有极高的依赖性，你所有的痛苦都是自找的。

就像是患了斯德哥尔摩综合征，你是受害者，但是你爱上了施害者，你爱上了痛苦。

糟糕的是，如果经常沉浸在痛苦中，离不开痛苦，你会觉得自己只配得痛苦，不配得幸福。

一旦生活开始平静幸福，你的内心就涌起一种慌张的感觉，你怕不安稳，你怕不确定，唯有重新掉入痛苦的深渊，又回到了熟悉的痛感中，你才会踏实下来。没有比这更差的了吧？你心满意足地享受痛苦带来的安定感。

如果你真的不想要痛苦，就不会天天浪费精力喊口号；如果你真的不想要痛苦，就不会天天沉浸其中不想改变；如果你真的不想要痛苦，多的是解决策略。

承认吧：

你只是想喊喊口号罢了，并不想要行动。

你只是想要抱怨几句，并不想要改变。

你只是想得到别人的同情，并不想要真的摆脱痛苦。

那就别再忽悠自己了，你本质上就是甘愿痛苦而已。

你不敢放弃痛苦。放弃了痛苦，就相当于否定了一部分自我。

08

成年人的人脉，
往往拼的是实力

不平等的关系，无法滋养人脉。
人脉是势均力敌，是相互扶持，
而不是一方势弱，另一方势强。
实力悬殊的两个人之间，难以建立人脉。

1

强子是我见过最喜欢加微信好友的人了。

凡是和他有一面之缘的人，都被他加了微信好友。宁可没用，不可错过。他好像对加微信好友这件事有无比坚定的执念，就像是松鼠收集榛子，仿佛错过了一个以后可能用得到的人的微信，就错过了头彩似的。

他初入职场，跟着领导参加了一些峰会。大家本来只是点头之交，愣是被他追着要了一圈微信。

一个峰会下来，他竟然加了几十个好友，加到微信居然给出了风险提示。看着好友列表里的人数日益增加，从几百到几千，他拥有了存钱般的快感。

下了班，他喜欢参加各种各样的饭局。有的是他组局，有的是他的朋友组局，还有的是他手机里的微信群组临时组的局。有他掏腰包请客的，有 AA 制的，也有他免费蹭饭的。总而言之，还是那个原则：宁可没用，不可错过。

"这些都是我的人脉啊！"他像是拆彩蛋一样，小心翼翼地对待每个人，生怕自己没眼光错过了一个隐藏大佬，那就后悔死了。

在各种饭局上，他是全场最活跃的人，点烟、倒酒、低头、哈腰、热场子，最重要的是扫对方的二维码。

他的口头禅是："'××总'是我的好朋友。""我认识'××总'。""刚和'××总'吃了饭。"

三句不离"××总"，生怕大家不知道他认识"××总"。

他给每个朋友分类加标签，不同类别的标签密密麻麻，占了一屏。

他对每个人了如指掌。每当加了好友，就点开新朋友的头像，点击描述栏，写上备注，如行业、爱好、认识场合等。

夜深人静，他喜欢看每个人的朋友圈，从朋友圈的文字、配图中，寻找有效信息的蛛丝马迹。不当侦探真是可惜了。

打开他的朋友圈，满屏皆是酒局盛况。大圆桌上杯盘狼藉，围着一群满面红光的人。

"他是某某行业的大佬，可厉害了。"

"他做了一个独角兽公司，刚融了B轮。"

"他是某某公司的副总，手握重要资源。"

有一次，他和同事参加了一个行业会议。他指着远处的一个人说："那是××公司的黄总、我朋友，我们的关系可好了。"

他拉着同事上前打招呼："黄总好，好久不见。"

黄总摸不着头脑，一脸狐疑地说："你好你好。我们见过吗？"

强子说:"您贵人多忘事,咱们在三年前李总组的饭局上见过呀,我还加了您微信的。"

黄总礼貌性微笑,尴尬地离开了,估计他连李总是谁都没有想起来。

强子转头对同事强颜欢笑道:"黄总就是贵人多忘事……其实我们的关系挺好的。"

强子总幻想,危急时刻,他的人脉能派上用场。

但其实,这些点头之交、萍水相逢的人,根本算不上人脉。

在你点头哈腰的那一刻,在你抬头仰望的那一刻,注定了你们的关系不平等。

不平等的关系,无法滋养人脉。人脉是势均力敌,是相互扶持,而不是一方势弱,另一方势强。实力悬殊的两个人之间,难以建立人脉。

你总是觉得,躺在自己的微信列表里的人,都是你可以随时启用的人脉。

但有时真相很扎心:

99.9% 的微信好友不会主动和你联系。

除非他发了一个拼多多链接,让你帮忙砍一刀;

除非有个火锅店打折券,他需要发送给五个好友才能兑换;

除非他开始做微商,需要你光顾他的产品;

除非他开始打造个人品牌,你成了他的私域流量;

除非他开始创业,给你发了一个长长的广告文案;

除非他发给你一个淘宝链接,让你帮他激活满 300 减 50 的优惠券;

除非他说自己发生变故,需要你借给他 5000 块钱;

除非他上幼儿园或小学的孩子参加了一个诗歌朗诵比赛,需要你给他投个票……

最好的情况,也就是每年大年初一,他给微信里的所有好友群发了长篇大论的新年祝福语,还是从别的群复制过来的,带了一连串噼里啪啦的喜庆小表情。

对了,还有一种情况。你或许会收到这样的消息:"我准备清理微信好友了,那些加了之后长期不说话、不互动的好友,我将一一删除,只留下我生活中认识的、见到过的朋友们。如果觉得我们之间没有什么可说的,那么,也请你删除我吧。"

有些时候,你发过去一个消息,却显示:"××开启了朋友验证,你还不是他(她)的朋友。请先发送朋友验证请求,对方验证通过后,才能聊天。"

你自以为是的友谊,从新鲜欲滴的葡萄,变成一串放了三个月的烂葡萄,带有浓厚的发酵味道。

2

粒粒参加一个学术讲座,结束时,带着朋友围住学术"大牛"加了微信。

过了两天,粒粒精心准备了一个学术问题,整整五百字,生怕出现错别字,读了三遍才发给了"大牛"请教。

结果，刚发过去五分钟，再说话时，发现自己被删掉了好友。

粒粒哭天抢地地抱怨："他看上去那么和善，竟然这么不近人情！我只不过问了一个问题呀。不就耽误他几分钟时间吗？原来他竟然是这样的人！"

可是，你有没有从对方的角度想过，如果每个加他的人都向他提出一个问题，他一天可能要回复很多个问题，他还有什么时间工作？还有什么时间做学术？还有什么时间休息呢？

别人有义务回答你的问题吗？

你们什么关系都没有，只是你加了人家的微信强攀关系而已。

对方回答是出于善意，对方不答也是他的自由。

这样的事情，我也遇见过不少。

有些陌生人加我之后，会发这样的消息："我写了部小说，可以帮我指导一下吗？"后面跟着发来一个 PDF 文件，我点开翻了翻，翻不到尽头，保守估计有十万字。

"我看你朋友圈刚发的那本书内容不错，你读完可以送给我吗？"他还特意从朋友圈下载了书的照片，私信发给我，"就是这本，我不嫌弃是旧的。"

"可以帮我介绍点写作变现的机会吗？我的写作能力还可以，高中作文经常被老师夸。"

"可以借我五千块钱吗？三个月后就还你。两个宝宝要上学，手里钱不够，周转下可以吗？我可以打借条。虽然我们不认识，可是我真的急需用钱。"随后是一连串的 60 秒语音条，从父母到子女，从婚姻到家庭，全方位多角度百般诉说自己生活的困境与不易，好像不借给他钱就是天理不容。

更有甚者，我正忙时，突然弹出一个微信视频电话。一看头像，不认识，再看昵称，不熟悉，果断挂断。接着对方弹来消息："只是想请教你一个问题，电话都不接，太不够意思了。"结果发现，是昨天刚加的人。

我想说：你毫无铺垫地直接给陌生人打视频电话，难道这就是你够意思的表现？

你觉得别人学术水平厉害，需要他帮忙回答问题，他就必须得帮，否则就是不近人情。

你觉得别人会做咖啡，让他教你做咖啡，他就必须得教，否则就是为人不善。

你觉得别人会画画，让他画一幅画送给你，他就必须得画，否则就是冷若冰霜。

你觉得别人有资源，让他给你介绍一些，他就必须得介绍，否则就是自私冷漠。

"不就是几分钟的事情吗？不是他最擅长的吗？不是对他来说易如反掌的事情吗？他为什么这么小气呢？"

你要知道，在你看起来别人轻而易举就可以做到的每一件小事的背后，都可能隐藏着别人的十年功。资源、专业水平、能力，每一项，都是他人通过自己的努力得到的。人家没有义务用台下十年功的积累帮你的忙。

3

你把与某人的合照做成屏保，你把与某人的相识编成故事，你把与某人的饭局当成谈资，你把与某人的握手当成骄傲，这只会暴露你的无趣、无知、无聊、无内涵。

当别人把与你的合照做成屏保，当别人把与你的相识编成故事，当别人把与你的饭局当成谈资，当别人把与你的握手当成骄傲，你才真正拥有了人脉。

不用看一个人的人脉强不强，只需要看一个人的实力硬不硬。实力越硬，人脉越强。

在没有实力之前，人脉就是零；在拥有实力之后，人脉自动被吸引而来。

没有实力的人脉，就是空中楼阁，看似华丽壮观，实则缺乏稳固的根基。这样的人脉关系往往难以长久维持，一旦遇到风雨飘摇的时刻，便可能轻易崩塌。

有些人说，人脉是实力的一部分，所以努力攒人脉好像也没错。

但你没注意，实力是一，人脉是实力之后的零，没有一，有再多零也没用。

没有实力，你积攒人脉的姿态是鞠躬哈腰、低头谄媚，从语言到行为，都透露出讨好与巴结的味道；有了实力，你链接人脉的姿态是落落大方、从容不迫，是平等与友好的气韵。

人脉不是什么呢？

人脉不是你微信好友里躺着全年不发一次消息的人，不是你电话列表里出现但没有通过话的人，不是与你仅有一次吃饭经历的人，不是与你在某个偶然场合讲过话的人，不是与你在工作时互换名片的人，不是与你在某场行业会议上打过招呼的人，不是与你在人群中合过影的人。

人脉是什么呢？

人脉是你打个电话就帮你调配资源的人，是你在朋友圈发个难题就私信告知你具体执行方案的人，是你发个短消息就帮你解决问题的人，是你约一顿饭就交换信息谈成合作的人。

人脉，不是你费尽心思上赶着讨好所换得的，而是你拥有足够实力时，自然而然吸引而来的一种资源配置。

你所处的地位、你所拥有的资源、你所掌握的认知、你所抵达的境界，都决定你能链接哪个高度的人脉。

所以，想要提升你的人脉，最佳策略不是抬头仰望、苦追别人，而是先看看自己处于哪个位置，向上提升自己。

把你费九牛二虎之力用来链接人脉的时间，转而花在提升自我实力上，你的人脉将会来得不费吹灰之力。

09

反内卷，
不过是懒惰的一种伪装

你的反内卷，只不过是懒惰的一种高级伪装。

明明是懒惰，却把自己说得很洒脱。

明明是自己不想努力，却要污名化别人的努力。

明明是见不得别人过上好日子，还要站在道德高地趾高气扬地批判别人。

如果普通人连努力的资格都没有，那才是时代最大的悲哀。

1

你加班,想给客户写出更好的方案。你的同事提着包出门时轻描淡写地讽刺说:"你好卷啊。"

你认真刷题,研究下个月 CPA(注册会计师)考试的内容。你的合租室友打着"哐哐"震天响的游戏说:"你好卷啊。"

你在高铁上翻开一本喜欢的书,津津有味地阅读。旁边正在看搞笑视频的大哥说:"你好卷啊。"

"你好卷啊",这句万能语好像能够评论一切看不顺眼的勤奋行为。

我发现,大家追赶潮流的热情真是刻在骨子里。一旦感觉自己融入了大众所追捧的集体行为,就好像得到了强烈的共鸣,很容易产生颅内高潮。

不管是出于真心的喜好这么做,还是模仿别人而这么做,只要说出符合潮流的话语，做出符合潮流的举动，就自然而然被贴上了"潮流人"的标签。

当下的潮流就是反内卷。

你把这个词语挂在嘴边，用到了极致。方方面面都用到它，才显得你跟上了潮流，没有落伍。

你像动物园里那只爱开屏的孔雀，每根羽毛上都写着三个字——"反内卷"。只要观众靠近你的笼子，你就集中精力开出绚烂尾屏，阔步转着圈，好让每个观众都看清你羽毛上的大字，仰视你的理念。

观众掌声雷动，而你扬扬得意。

薛健绝对是在反内卷潮流中扛起大旗的人，他在朋友圈写道：反对一切内卷。

"为什么现代年轻人这么努力，还这么累，感觉永远看不到光明和未来？还不是因为大家都太卷了吗？如果你不卷，我不卷，他也不卷，根本就不用这么苦，这个社会肯定会更好的。内卷就是毫无意义地消耗生命，大好的青春何必浪费呢？该吃吃，该喝喝，该玩玩，该反内卷就要反到底。"这就是他的主张，他也身体力行地践行着这条格言。

能踩着点上班，绝对不肯早一分钟到场，早到一分钟就是对自由的不尊重；打完卡再去公司楼下买个早餐，拿到工位上慢悠悠地吃着喝着，丝毫不介意别人的眼光。

能甩锅就甩锅，能推卸责任就推卸责任，能不干就不干，能少干就少干，能不加班就不加班。每天下午盯着时间，准点冲刺下班，仿佛晚一分钟就会要他的命似的。

别人忙到不可开交,他悠然自得地扫一眼同事说:"好卷啊。"然后打开电脑看修仙小说。

下班后,他绝对不会做任何一件与工作相关的事情,也不会主动学习。"我要把工作和生活分开。下了班,就得好好享受生活才对啊。"

问题是,上班时间,他也没有好好工作啊。

没多久,公司人事找薛健谈话,他被辞退了。

在被辞退后的第一个月里,他过上了梦想中的生活,践行了人生格言:吃喝玩乐,轻松生活。

每天睡到自然醒,饿了就叫外卖,还麻烦外卖小哥把前一天的垃圾顺道提走。

无聊了,就看看修仙小说,打打游戏。累了,就趴在沙发上睡觉。

不用再接工作电话,不用再开工作会议,也不用再应付客户的各种需求,真的是非常轻松的一个月。他由衷地感叹:不卷的生活真好啊!

朋友圈里,他表演自己的松弛,表演自己的不在意,表演自己不卷也能过上好生活。但是,如果你一无是处,谁会排着队当你的啦啦队队员,给你鼓掌啊?谁会前呼后拥给你送一捧捧荣誉的鲜花啊?

没有人。大家都很忙,他幻想中的观众根本不存在。

现实困境接踵而来,他才发现,自己根本就没有反内卷的资本。

每月要交的房租、每日三餐伙食费,都像悬在头顶上的刀,随时要掉下来,咔嚓切掉他的一块肉。然而,口袋空空如也,到最后,就连最爱看的修仙小说也付不起费用看了。

生活是需要资本的,而资本是需要努力争取的。哪个人不是靠自己的双手撑起生活?他却指责那些凭自己的本事吃饭的人是内卷。

当他彻底过上了不卷的生活,才发现,生活的困境就来自于自己不卷。

他想要的,其实不是反内卷,而是无所事事还能每月按时领工资,是公司同事们用集体劳动免费养着,是躺平也能吃饱饭,是不付出劳动也能快乐生活。

他不是不想卷,他只是懒得工作、懒得学习、懒得勤奋、懒得去做饼,只等天上掉。

说白了,他只是为自己的懒惰找了一个堂而皇之、看似正当的理由罢了。

2

西西就是别人口中很卷的人。

她总是妆容完美地出现在公司里,客户的事情总是当成自己的事情来办,力求做到完美无瑕,还会主动加班处理一些工作上的事。理所当然,她每年都被评为公司的优秀员工,升职速度很快。

下班后,她积极备考专业证书,每周定期去健身房"撸铁",还自己做减脂餐。

她被周围的人称为"卷王"。

"我没想着要卷,我只是在认真生活而已,只是把自己应当做的做好了而已。我想依靠自己的力量,慢慢走向想要的未来。我喜欢我的工作,因为它给了我在这个城市生活的底气,如果不是工作,我根本无法立足;我喜欢学习,这让我吸收了更多的知识,充实了我的头脑;我喜欢健身,对自己的身材有很强的掌控感。这些都是我喜欢做的事情,我做的时候感受不到累。

"如果我不努力,就要重新回到十八线小城,接受相夫教子的命运。那就是所谓不卷的后果。而我的卷并没有伤害任何人,只是让我与那些生来就享有优渥资源的人拥有了公平竞争的权利。我可以凭着自己的实力,留在我喜欢的城市,过上自由的生活。"

西西是小镇做题家,凭着不错的成绩考到了上海,为了留在这里,她竭尽全力。她对工作负责、对生活认真的态度,让她拥有了诸多权利。她有权热爱生活,享受自我,她也有权拒绝七大姑八大姨的催婚,有权拒绝为了消除孤独感而随便谈一场恋爱。这些权利,都是她以积极态度面对工作与生活所赢得的回报。

这不是内卷,这是一种为了构建美好人生而生发的正常行为。

我看到的,是一个认真负责的职场人、一个热爱学习的年轻人、一个想让自己变得更健康更美好的女孩。她被人称为"卷王",但这样的卷给她带来了自由,让她把生命的方向盘牢牢地握在自己手里。

如果你一无所成还要讽刺她,那么你无疑是最大的失败者。

把正常的工作、学习妖魔化为"内卷",是对生命的不尊重。

努力，是普通人拥有的相对公平的上升路径。若你把努力等同于内卷，你就把自己的上升通路堵死了。

努力本身就已经很难了，需要对抗惰性，需要克服阻力，需要解决各种问题。在这么难的情况下，还要在乎自己努力的姿态是不是足够松弛与优美，还要在乎社会给予自己的评价是不是卷，这像是一场阴谋。

如果普通人连努力的资格都没有，那才是时代最大的悲哀。

往往正是反内卷的这拨人，高喊着老板压榨，抱怨着房租高，哭诉自己很穷，张口闭口，怨天尤人。

反观那些被他们嘲讽为"内卷"的人，虽然是一样的低起点，却已经充分利用时间搭建了美好的生活。

3

在你努力工作时，如果有人说"你好卷啊"，你一定要远离他。

如果你因为害怕别人说你卷而停止了努力的步伐，那你就成功被人带坑里了。

真心热爱被当成内卷，认真负责被当成内卷，勤奋努力被当成内卷，这是对美好品质的污蔑。

什么是真正的内卷？

无效竞争才是内卷，花拳绣腿、水上作画才是内卷，浪费时间做无用功才是内卷。

而努力提高自己，想要让自己变得更好，才不白来这人世间，这样的人是我们的榜样。

反内卷、无所作为并不是真正的自由，这种一时的自由或早或晚会付出超额代价。

提前享受了不努力的自由，就得承受不自由的必然结果。

现在为了努力而对自己有所约束，以后一定能得到生活回馈的某种自由。

10

把事做到极致，
是普通人最好的出路

极致不是和别人比有多优秀，

而是每一次都比上一次多突破一点。

这世界其实没有顶峰，你永远在朝着顶峰攀登。

这世界其实没有完美，你永远在朝着完美努力。

这世界其实没有极致，你永远在朝着极致前进。

1

大龙的人生哲学就是"差不多"。

他喜欢上了一个女生,于是展开了追求。他的追求是佛系的,偶尔聊个天、约个会,礼物选得马马虎虎,表白也没慎重对待过。女生对他的反应也是淡淡的。

他的兄弟都开始着急了:"像你这么个追求法,得追到猴年马月去。你得开足马力,费点心啊!"

大龙说:"差不多得了。是我的,终归会是我的;不是我的,用心也不会是我的。"

职场上,大龙也同样佛系。有客户询单,他就回答;客户不问,他绝对不会多说一句。主管说:"你能不能上点心啊?你可以主动展示咱们产品的优势啊!"

他小声嘟囔着:"我觉得做得还行呀。"

上学的时候,他就是这种性格。

他不是那种喜欢逃课的人，但也不是怎么上心的人，老师讲课的时候，他会走神。老师布置的作业，他会按时完成，但不会多写一丁点。他的成绩处于中游，不上不下。

他的妈妈说："你可不可以再努力一点？"

他说："我觉得差不多呀。"

他做任何事情，都不会拼尽全力。他总是说："凡事惜点力，差不多就得了。"

他做事只做六分，及格水平。结果女友没追到，工作也没涨薪。

为什么无法把一件事做到极致？

大部分人是因为懒惰。

就好比很多人一起去爬山。在山脚下时，大家都意兴盎然，欢欣鼓舞，幻想着登峰的那一刻，一路上欢声笑语不断。等爬到三分之一时，疲惫开始蔓延，有些人打起了退堂鼓。等爬到一半时，有一些人说半山腰的风景也挺美，就到这里停止吧。

只有极少数人依然坚守最初的想法，一步步向山顶爬去。他知道留在半山腰很省力，他也知道继续向上会很累，但他想自己还没有见过顶峰的风景，那就必须去看看。他愿意付出更多的体力，去享受少数人才能看见的风光。

做任何事情，得六十分还是比较容易的。从六十分到八十分是一个梯度，从八十分走向一百分又是一个梯度。想成为中游，不太难；想名列前茅，却很难。那些尖子生，大都是早起熬夜，大量复习总结规律，才能考高分的。

马马虎虎，就可以得六十分；极致认真，才可以得一百分。

马马虎虎的人,永远停留在半山腰。他的成绩在半山腰,他的水平在半山腰,他的认知在半山腰,他的梦想在半山腰,他的人生也在半山腰。

有些人容易被情绪操控,要不要做某件事,以及要把这件事做到什么程度,全凭个人心情好坏。

心情好的时候,情绪高涨,精神抖擞,勇往直前;心情不好的时候,情绪低落,拖拖拉拉,消极怠工。

被情绪操控的人,做事虎头蛇尾,开心了就做事,不开心了就躺平。

情绪低落,没有做好事情,各种消极情绪又上头,负能量爆棚,更无心做事,陷入恶性循环。

很多人都有"负面情绪依赖症"。

他们对负面情绪上瘾,一边痛苦,一边享受着。

为什么会上瘾?因为负面情绪其实对他们有利,他们能从中得到安全感。

是否听起来很荒谬?

比如当他想要偷懒或者想要放弃的时候,可以心安理得地把这种想法归结为负面情绪所致。

"因为我情绪不好,所以才没有做好呀。"

"今天热得心烦,没有心情读书。"

"最近有点焦虑,啥也不想做。"

"莫名其妙很 emo(伤感、沮丧),所以才摆烂。"

找个冠冕堂皇的理由,为自己不好的行为进行开脱。

负面情绪出现的那一刻,还会产生释然的感觉,因为终于可以光明正大地停下这件很辛苦的事情了,可以休息一会儿了。把负面情绪当成自己不想做事的完美借口,自欺欺人。

在想要放弃的节点,他们需要负面情绪承接自己的失败。这就是为什么负面情绪会带来安全感。他们如果不把过错归结于情绪问题,能力不足的真相就会浮出水面。

他们怎么可能承认这一点呢?

为了保护自己脆弱的内心,只能让情绪背锅了。

2

梅姑娘是一个追求极致的人,她的认真在圈子里出了名。

上学的时候,每节课都要提前预习。上课时,老师讲的话,她都认认真真记在本子上。放学回家就开始复习当天的功课,然后再做作业。做完了老师留的作业,还额外做自己买的习题册。

这样认真学习,成绩能不好吗?基本上每次考试,她都是第一名。唯一一次得了第二名,是因为考试前一天晚上吃多了西瓜拉肚子。

高中毕业,梅姑娘理所当然考上了重点大学。被高中母校邀请分享考试经验,她对学弟学妹们说:"要想成绩好,就把学习这件事做到极致。老师要求的,做到极致;老师没要求的,你得对自己有要求,也要做到极致。"

有个学妹举手提问:"学姐,你不觉得这样的生活很累吗?"

她回答:"学习对我而言是快乐,我在不断丰富自己的大脑,怎么会累呢?题目理解不透,知识点掌握不牢,做题时要花费更多的时间和精力去琢磨、尝试,才是真的累。而当我把所有知识点摸得透彻清晰,心里会很愉悦。而且,这样学习,会越来越轻松。因为前面的知识点都弄透彻了,后面的知识点学起来会更容易。相反,如果一开始就糊弄,到后面要付出更多的力气才能搞清楚。"

梅姑娘在兴趣爱好方面也追求极致。

她喜欢鲜切花,一开始只是随性买来插在瓶里,后来,为了把鲜花搭配得漂亮些,她系统学习了插花艺术。她把自己的花艺作品发到网上,很多网友点赞,说太美了。后来,她将插花发展成副业,利用周末时间做高级定制花艺,同城配送。

有一次,她去国外海岛旅游,接触了潜水。这前所未有的经历深深吸引了她,她的内心涌起一股无法言喻的热爱。回来后,她努力学习潜水技能,考了潜水教练证。

她还喜欢做瑜伽,考了瑜伽教练资格证。

她把爱好变成了专业,靠的就是极致努力。她做这些事情,不是被逼的,而是沉浸其中,真挚地热爱。

很多人做事情,是用自控力逼着自己去做。

用各种手段提高自控力的时候,其实是在分心,是在对抗,是把注意力分散在了所做的事之外的地方。总能量是有限的,当你把一部分能量放在了别处,那么做事的能量就削弱了。

当你想要读书,却无法抵御外界诱惑时,你想了很多办法,比如规定自己读半小时或读多少页就休息，或者想象自己读完就能变成一个优秀的人。

采取这样的方式，效果不大。当你这样想时，阅读就变成了一个不得不做的任务，就像学生时代，你看着老师布置的作业，不愿意去写，感到非常难受。而当你把阅读和痛苦画上等号，第二天、第三天，一想到阅读你就会面露难色。或许你还能坚持到第五天，但你终有一天会坚持不下去，会放弃。

人性是追求快乐的，你绝对不会长时间主动做一件痛苦的事。

这就是为什么大家都想一边吃零食一边看电视，而不是挥汗如雨地去运动。因为前者让你更快乐。

人性真的很难违背。不管使用了多少方法，想了多少计策，如果这件事是违背人性的，普通人就无法很好地坚持下去。

如果你真想把一件事做到极致，最好的方式其实是把这件事调到顺应人性的频道上。

看看很多厉害的人为什么能把一件事做到极致，根本的原因是他在做这件事时体验到了快乐。就算这件事最终做不成功，或者说做了没有任何收益，他也乐在其中，他不觉得没有好的结果就是浪费时间。

这就是喜悦力——不带功利心地，全身心沉浸到做一件事情的快乐当中。

当你能从做一件事中体验到沉浸其中的饱满的喜悦，你就不需要什么自控力了。

把一件事从痛苦的频道调到快乐的频道，当你想要快乐时，自然就想要打开这个开关，做这件事。这就是喜悦力的魔力。

不带功利心地去做事，往往会有让人出乎意料的惊喜。

高中班上的学霸分为两种。一种是自控力极强的人，他想去玩，但能忍住。因为他立志要考上很好的大学，要出人头地，所以，他逼着自己把所有精力都用在学习上。

在这个过程中，他对学习并不喜欢，等考上了大学，他就松懈下来，不想读书，不想上课，总想摆烂，这是在弥补自己在高中缺乏玩乐的亏欠。他之前用自控力度过了一段相当艰难的学习时光，现在，他不想重复痛苦学习的模式了，他开启了快乐摆烂模式。他很可能会荒废大学时光，也很可能失去终身学习的兴趣。

还有一种学霸，他学习不是为了考前几名，不是为了光耀门楣，而是真的享受学习。他能从读书、上课、获取知识的过程中获得一种愉悦感。相比娱乐带来的短暂欢愉，学习带来的快乐更为深厚且富有滋养。这样的人出了学校，依然会保持终身学习的好习惯，因为学习于他，就是一种极致的快乐。

就像北大的韦东奕，粗茶淡饭，对世俗物质一概不在意，只沉迷于数学中。他做研究，不是为了得到什么名头，纯粹是出于喜欢，根本就不需要自控力。

如何才能从自控力调为喜悦力呢？

要有意识地感受这个调节过程。

比如，你想减肥，那有两条策略：运动和调整饮食。

你要研究如何让自己喜欢上运动。运动的花样太多了——跑步、打球、游泳、瑜伽、快走……从这么多运动中，找到一两样喜欢的，坚持下去。在运动过程中，感受肌肉的发力，感受能量的激发，尽量体验愉悦感。当你和运动建立了喜欢的情感链接，就不是用自控力去做运动了，而是在享受运动。

如何调整饮食？也不是照搬别人的食谱，而是从那么多健康食物中，选择自己喜欢的食材，用喜欢的烹饪方式来做，用自己喜欢的碗碟来装。这样，你在吃减脂餐时，就不会味同嚼蜡。

尽可能让这件事从头到尾都是自己喜欢的元素，那么你怎么可能拒绝它呢？

再比如阅读，如果你忘记了自己设定的读书目标，而是单纯地享受这本书带给你的趣味，你还需要自控力吗？还需要用顽强的意志力对抗懒惰，逼着自己读完吗？

给自己找三个喜爱这本书的理由，增加这本书的魅力。在阅读过程中，想象是一个厉害的人在对你进行一对一的高能输出，你在这种交流过程中感受到了知识的积累，这怎么可能是一件枯燥的事呢？

想要做到极致，就让自己沉浸在做事本身的喜悦中，做一分，有一分的喜悦。

3

篮球超人科比曾说："没错，我就是一个偏执狂。我想得到自己想要的一切，拿下每一场比赛。没有捷径，没有退路：一刻不能偷懒，做别人永远都不愿做的事，一遍又一遍，不顾一切地追逐自己想要的结果……无论你的梦想是什么,许过何种誓言,你都能达到巅峰,甚至超越巅峰。"

我的朋友童淇热爱写作。她说:"人死了,孙子辈过去,重孙辈过去,基本上这个人的痕迹就完全消失了,就像没有来过这个世界一样。我不想这样,我想留下传世之作,就像司马迁那样,或者张爱玲那样,不管死了多久,总有人捧着我的书看。"

如果你做事达不到极致,那是因为你不够渴望,意愿不够强烈与执着。

想要把事情做到极致,你得充分激发自己的内驱力。

内驱力就是你心里燃烧的一场大火,你每做好一件事,都会成为这场火的燃料。事情做得越多,燃料就越丰富,你心里的火焰就燃烧得越旺盛。

用你丰沛的野心滋养你内心的火焰,让你果敢的行动配得上你内心的火焰,让你内心的火焰旋转升腾、热烈跳动。

压力是什么?

对于弱者来说,压力意味着恐惧与害怕。

而对于强者来说,压力意味着兴奋与挑战。这种兴奋不是表面的,而是来自内心被激发的欲望。你知道,它来了,你可以继续挑战,而挑战意味着迭代自我,攀上新的巅峰。

当你成功登上 1000 米高的山峰,那你面对 1500 米高的山也不畏惧;当你成功登上 1500 米高的山,那你面对 2000 米高的山也不害怕。

你登过一次顶峰,就想要再登下一次;如果你从未登过顶,那你只会望顶生畏。

战胜你的怯懦,战胜你的恐惧,把手里这件事做到极致。不是这件事有多么重要,而是你需要体验成功的感觉。

你不是仅仅渴望完成这件事,而是追求通过对此事的完成,进化成更好的自我。深入剖析,你是借助这件事完成自我系统的迭代升级。这是一次全方位的迭代和蜕变,你的意志力会更加坚定,你的精力会更加充沛,你的能量会更加激昂,你的认知会更加深刻。

做成一件事之前的你,与做成一件事之后的你,已经不是同一个你。后来的你,更有冲劲、更有拼劲、更有闯劲、更有韧劲。

如何训练自己做事做到极致?

每个月给自己定一项小挑战:

如果你现在一天只能跑 2 公里,那么你的挑战目标是一天跑 3 公里;

如果你现在一次只能跳绳 50 个,那么你的挑战目标是一次 60 个;

如果你现在一天只能读 100 页书,那么你的挑战目标是一天读 120 页。

在你现有的能力基础上设置稍高的目标,就是你每次能达到的极致。

极致不是和别人比有多优秀,而是每一次都比上一次多突破一点。

这世界其实没有顶峰,你永远在朝着顶峰攀登。

这世界其实没有完美,你永远在朝着完美努力。

这世界其实没有极致，你永远在朝着极致前进。

你并非不累，你只是单纯地沉醉于这种不断前进的感觉。

得过且过的人要么停留在半山腰，要么在向半山腰攀爬的路上；追求极致的人要么在顶峰，要么在向顶峰攀登的路上。

若心力足够，沟壑可填为平原，山川可夷为平地。

制约自己进化的往往是心理因素，你需要给自己一个机会，让你的潜能去释放、去燃烧、去战斗。

燃烧你所有的内在能量，调动你的内驱力，聚集你的喜悦力，提高你的专注力，屏蔽外界的一切看法、评价、骚动、喧闹，把你在做的事情做到极致，进化出一个崭新的自我。

11

独处，
是一个人最昂贵的自由

如果你想在混沌中随波逐流，
那你就天天扎在人堆里。
如果你向往自我提升与独立成长，
那你就要学会独处。

1

阿台喜欢社交，喜欢和朋友们一起玩，经常活跃在各个社团里，在各大活动中做主持人，是学院的红人、典型的"万人迷"。

她从不会独自一人，吃饭是一群人，逛街是一群人，上课也是一群人。

她成了很多女生的羡慕对象——外貌好、身材好、人缘好，还有那么多朋友。

阿台的大学生活相当丰富：

别人一个人在图书馆沉浸于学习的时候，她和朋友们在大排档吃喝玩乐，忙得不亦乐乎。

别人一个人改简历、搞项目、去实习的时候，她沉溺于悲欢离合的爱情纠葛、风花雪月中。

别人一个人头悬梁、锥刺股，熬夜刷题备考的时候，她穿梭于各个社团呼朋唤友，链接人脉。

后来发生的事情，好像也在意料之中。

阿台挂科了，英语六级没过，实习机会也黄了。她摆摆手笑笑说："这些算啥大事？那谁谁谁不也没过吗？实习有什么重要？快毕业时找个正式工作不就行了吗？"

她把最差的一批人当成了自己的参照物，来安慰自己没有那么惨。

等到快毕业时，有一天，她照例和朋友们走在路上聊八卦。只不过这一次，阿台听到的不再是谁和谁分手了、谁又和谁好了这样的花边八卦。

她听到某个人保送了，听到某个人出国了，听到某个人考研了，听到某个人考公了，听到某个人找到了互联网大厂的好工作。

每个消息都如同一根刺，一根根直扎她的心。她突然感到惊慌，意识到自己这四年来从来没有好好学习过，也没有认真规划过未来。

那些从前和她要好的人，原来都已经在暗地里努力规划好了未来，准备踏上各自的光明大道。

别人用四年时间给自己铺垫了一条路，而她用四年时间亲手葬送了自己未来的路。

幕布合上，灯光熄灭，人潮离散，青春的故事终会散场。而她呆立在原地，还在回忆青春热闹的味道。

众人各奔前程，而她孤身一人。

她着急忙慌地开始写简历。打开电脑，对着一片空白，发现自己无从下手。这四年，她最突出的优点是长相不错，最强的技能是学会了交朋友,最厉害的事是吃遍了大学城美食街的所有餐厅,最大的奖项是帮助宿舍获得了"最美宿舍奖",最拿得出手的经历是主持了"校园十大歌手"比赛。

她毫无底气地投了很多自己喜欢的工作,却一个个杳无音信。最后终于有一个公司回复。接到人事打来的电话,她欣喜若狂。但随着对方的讲述,她心里的火花一点点熄灭。原来对方说她的能力离意向岗位距离太远,刚好公司缺一个前台,问她是不是愿意考虑。

她心里百般不愿,嘴上却说我愿意。因为此时的她,已经没有了选择余地。

很多人被青春偶像剧误导了,以为青春就要和一群人玩在一起,撒欢尽兴、风花雪月、酩酊大醉,这样才算不负好时光。

这不是"不负青春",这是"辜负青春"。

如果你在年轻的时候贪玩,那么未来的岁月或许便难觅闲暇。

为什么你一独处就感觉害怕?是因为你没有安全感。以前你把别人当成灯塔,现在灯塔熄灭,你如同深陷暗夜,不知道自己该做什么。

人人都有双腿,但说实话,很多人根本不会自己走路。你把自己甩进人群,在熙熙攘攘的群体里,你的双腿被架空,被涌动的人潮推着走。人群去哪儿,你就去哪儿。你蜕化成了只能依靠别人而活的巨婴而不自知。

你以为青春是肆意挥洒,其实青春应该是蓄力成长;你以为青春是尽情挥霍,其实青春应该是拔节向上;你以为青春是一群人喧嚣地

嬉闹，其实青春更应该是一个人静默地前进。

如果你总是希望朋友陪你，说明你内心空洞。如果你不喜欢一个人独处，说明你不敢面对真实的自我。

你羡慕的，往往是你不足的；你追求的，往往是你匮乏的；你标榜的，往往是你欠缺的。

2

亚子上大学后，就像变了一个人，摘掉了眼镜，减掉了三十斤，学会了化妆打扮，一下子从高中时的无人问津变成了众人追捧，桃花运从 0 级拉到了满级。

她谈的恋爱都是无缝衔接的，上午刚官宣分手，下午就公布了新恋情。

亚子非常享受这种被人追捧的感觉。她说："无空窗期才代表一个女生有实力，'单身'这个词与我无缘。"

毕业后，她不用操心房租，因为有人帮忙付；她也不担心一日三餐，因为有人帮忙买；不用怕工作上的困难，打个电话就有人帮忙出主意；甚至她的年度工作总结 PPT，也有人加班加点帮她做。

当她建立了凡事依靠别人的习惯，也就丧失了独立自主的能力。她觉得自己赚大了，其实是亏大了。

依赖他人，便是一点点让渡自我生存的能力，一点点把在这个世界上安营扎寨的权利奉送给他人。

就像女权主义哲学家波伏娃所说:"男人的幸运——在成年时和小时候——就在于别人迫使他踏上最艰苦但也最可靠的道路。女人的不幸就在于她受到几乎不可抗拒的诱惑包围,一切都促使她走上容易走的斜坡:人们非但不鼓励她奋斗,反而对她说,她只要听之任之滑下去,就会到达极乐的天堂。当她发觉受到海市蜃楼的欺骗时,为时已晚,她的力量在这种冒险中已经消耗殆尽。"

你以为自己轻轻松松就享受了别人的宠爱,你以为自己付出的只是打打电话动动嘴或者撒个娇卖个萌,其实不然,有一种隐形的昂贵的代价,是你未曾觉察到的。

你得到的是他人给你写的PPT,你失去的是自己本可能拥有的做PPT的能力;你得到的是一个免费的品牌包,你失去的是自己本可能拥有的购买能力……

有些路看起来轻松却越走越难,有些路看起来很难却越走越轻松。

你也许选择了一条看起来鲜花满路、香气盈溢的路,你却不知道这条路的后半段是荆棘丛生的可怕,是狂风恶浪的凶险,是你的独立人格被吞没的痛苦。

当你以后面对工作束手无策,面对职场竞争一筹莫展,面对艰难险阻无可奈何,面对惊涛骇浪一无所能时,你才会看清楚,自己付出的代价竟是如此昂贵。

依赖他人的真实代价是,丢掉了在陌生领域自我探索的勇气,抛弃了在困境中打破桎梏的决心,毁掉了与他人分庭抗礼的心力,磨灭了成为自我的野心,损害了独立生存的意志力,斩断了在残酷世界中的竞争能力。

依赖他人给你暂时的安全感，你如同躲进一座宏伟的玻璃城堡。但其实一切都是美丽的幻觉，你以自己本可能得到的能力做代价，换来了虚幻的宠爱泡沫。你总得走出玻璃城堡，那时，你将独自面对似火骄阳、狂风骤雨。

你得分清楚，哪些是幻想，哪些是实相。

觥筹交错的欢乐是幻想，高朋满座的喧闹是幻想，高谈阔论的雄辩是幻想，甜蜜爱侣的宠溺是幻想。

实相是，无论你身处哪里、身边何人，最终能够支撑你走下去的，只有自己。

你需要认清事实：美貌不是你的资本，青春不是你的资本，年轻不是你的资本。资本是你争取资源的能力，资本是不论何时何地你都可以重整旗鼓的韧劲，资本是你在激烈竞争中能顽强拼搏，成功建立自己的根据地的实力。

而这些能力，需要在日复一日的沉淀与锤炼中，静气凝神，从内至外，拔节生长。

我一直觉得，在年轻时轻松拥有一切，不是幸运，而是厄运。这种一时的运气会让你产生一种错觉，误以为此生都会很轻松，从而放弃了磨炼自我，放弃了艰难跋涉。这会带来灾难。

3

简姑娘是别人眼里不太合群的人,她特立独行,喜欢一个人泡在图书馆里。

图书馆每年都有一个学生借阅书籍的榜单,她年年高居榜首。

在大学这样宽松的氛围里,她依然保持高中的习惯,每天五点半早起,去小树林里背诵英语。

工作之后,她靠着过硬的专业能力,连升三级。下班后,又开展了副业。

同事们周末约着聚餐喝酒,她总是缺席。她不用靠聚餐来维持人际关系,因为她有能力、有事业,自然而然吸引来欣赏她的人。

她不会因为孤独就去找朋友,也不会因为寂寞就去谈恋爱。她喜欢一个人做自己的事情,走自己的人生路。

独处不是没有朋友,而是有并肩作战的好友,却不天天黏在一起。

独处不是没有伴侣,而是有心意相通的爱人,还给彼此留出空间。

主动选择一个人是独处,被迫选择一个人是孤独。

对于大部分女性而言,一辈子的大部分时间,都是和别人深深捆绑在一起。当你围着灶台、围着尿布转圈时,当你被儿女老公束缚着无法离家时,你会知道,独处真的很珍贵。

珍贵的独处时间,千万不要浪费。你该趁这个时间,心无旁骛地

抓紧提升自己的硬核能力。这会成为你立足社会的根基。

人们往往习惯钦羡别人,却忽略了身边的美好。有句话说:"人最可怜的就是,我们总是梦想着天边的一座奇妙的玫瑰园,而不去欣赏今天就开在我们窗口的玫瑰。"

我们要学着把心收回来,把目光拽回来,把注意力拉回来,学着发现和欣赏身边的美好。

梭罗曾居住瓦尔登湖畔的一个小木屋里,感受自然的美好。他提出"黎明的感觉"这个概念,每日清晨,睁开眼睛,便是一次新生。

独处,就是给自己的心灵留出一个后花园,与自己的灵魂相处。

你可以静静聆听自己灵魂的声音,你可以积蓄为梦想拼搏的力量,你可以抚慰舒展疲惫的身心。

独处的时候做什么?

你可以买一捧鲜切花,放在与之相配的花器里,品味它的芳香四溢;

你可以买一些自己喜欢的食材,煮个底料,做一个人吃的热腾腾的小火锅;

你可以信步踏入美术馆,一个人欣赏画作,沉浸在艺术的熏陶中;

你可以在公园里,触摸一棵茂盛的大树,听听温柔的风声,汲取能量;

你可以在湖边漫步,看夕阳余晖洒落水面,看天上倦鸟归林;

你可以一个人去旅行，背上背包，去陌生的安静小城住上一周。

你可以一个人去你想去的地方，你可以一个人吃你想吃的东西，你可以一个人做你想做的事，你当然也可以成为你想成为的人。

成长，从来都是一个人的事情。

哪怕有一片拥挤的麦田，每一棵麦苗也要单独向上。接纳阳光，汲取雨露，吸收营养，都是它独自做的事。

甘于独处，保持定力。

如果你向往自我提升与独立成长，那你就要学会独处。

12

别拿你的低情商，
当成你的真性情

高情商的人，通常情绪稳如泰山；

低情商的人，通常情绪不稳定。

人类发明语言是为了沟通，而不是为了彰显所谓的真性情。

1

小八自称是真性情。她说话的风格是这样的:

朋友:"我新买了件衣服,你看好看吗?"
小八:"这衣服的板型倒是不错,看着不便宜。就是配你可惜了,你这腰太粗。不是我说你,穿上真像水桶。"

朋友:"我刚买了房子,拿了钥匙,改天来我家玩。"
小八:"多少平?"
朋友:"挺小的,也就八十平,买不起太大的。"
小八:"那的确是挺小的,八十平也太小了,转不开圈。我家二百平,住起来可真舒坦。"

朋友:"这是我男朋友,认识一下。"
小八:"咦?你不是上个月刚分手吗,这么快就有新人了?上次看你哭得稀里哗啦,以为你要很久才能忘记。能走出来也挺好的,就是别随便凑合呀,我看他长得没你前任帅。"

朋友:"我这次考试又没考过,就差了一分。"

小八:"你干脆别再考了。你这么笨,再试也没戏,不可能成功的。我劝你趁早放弃,别浪费时间。"

朋友:"我刚写了篇小说,你看看咋样。"

小八看了五分钟:"你这写的啥呀,真当自己是文曲星下凡了,还敢自命不凡写小说,真是一团糟。"

朋友:"我好想吃火锅,但是最近在减肥,太难了。"

小八:"你胖成这样,还有什么资格吃饭呀,再吃就真没人要了。怪不得一直都是单身狗,你看看自己,谁敢和你在一起?我要是你,就把嘴巴封起来,绝食得了。"

朋友:"我想攒钱买这个牌子最新款的包,太好看了。"

小八:"是挺好看的,但是你别买。你背着上万元的包包,穿着几十块钱的衣服,别人一看你这气质,还以为这包是从地摊上淘来的。"

朋友 A:"太伤心了,跟你讲个秘密,你可千万别告诉别人:我发现我男友喜欢上了别人。"

小八转头就讲给了朋友 B。

朋友B对朋友A说:"我听说,你男友劈腿了?是真的吗?"

朋友A:"谁跟你瞎说的?"

朋友B:"小八呀,她信誓旦旦说是真的,我还不信呢。是真的吗?"

朋友A去问小八。小八说:"嗨,我不是心直口快嘛,不小心就说出来了。"

小八这张嘴,得罪过不少人。每次别人生气了,她就开始打哈哈:"哎呀,至于生气吗?我这是真性情,有啥说啥,心里藏不住话,没那么多弯弯绕,直接就说了。我是刀子嘴豆腐心,没啥坏心思,又不是故意伤害你,我和谁讲话都这样。"

最后,她成了孤家寡人,没人愿意接近她。

别用你的真性情,包装你的低情商。

有人问:刀子嘴豆腐心到底是不是坏?

我想说,通常他们用这句话来为自己的刀子嘴打圆场,其实豆腐心有没有,并不确定。

再说,"良言一句三冬暖,恶语伤人六月寒",刀子嘴把人气个半死,豆腐心再温柔,又能起到什么样的挽救效果呢?

有人给你一盘苦莲子,让你吃,如果你不吞下,他说你不识好歹。

当你对他说请不要这样讲话时,他会用觉得你小题大做的语气说:"我不就跟你开个玩笑吗?至于反应这么大吗?开不起玩笑,以后就不开了呗！"

很多人听了这些话，会下意识地反思是不是自己想多了，是不是自己太敏感了，是不是自己真的开不起玩笑。

我告诉你，不是你想多了，不是你敏感，不是你开不起玩笑，是他说话没有分寸。

什么是开玩笑？ 开玩笑是为了缓和气氛，说点俏皮话，让双方都能笑出来。

什么是没分寸？ 他那种自以为是的玩笑说出来，只有他自己笑，你听了只会难过。

如果你的身边有这样的人，听他说话，你感到说不清地难受、委屈、堵心，那么请以火箭的速度远离他。不管他是你幼时的玩伴、大学的同窗，还是有血缘的亲人，都尽量与之保持距离。

很多人想着忍一忍算了，默默吃下这个哑巴亏。

但你可以容忍，可以大度，不要让他觉得你是甘心受欺负的老好人，不然他会一而再再而三地捉弄你。

如果有人以开玩笑的名义让你不舒服，请坚定地对他说："请你解释一下，这个玩笑好笑在哪里。"

你要摆明你的态度，表明你的立场，这样以后他就不敢再乱讲。

2

暖暖是我见过情商很高的人。暖暖是她的外号，朋友们取的，因为她给人的感觉就像春日暖暖的阳光。

她是朋友们公认的爱情导师，总能在朋友受到情伤时温柔宽慰对方。

有个朋友被渣男劈腿了，痛骂渣男之后大哭着问："是不是我不够美？是不是我太胖？是不是我不够好？是不是我的缺点太多？是不是我的性格不温柔？是不是我真的不如她？"

暖暖温柔地对她讲："亲爱的，这不是你的错，别把他人的过错揽在自己身上，该反思的是他们。人与人之间是无法进行简单比较的，你有属于自己的独特的闪光点。他错把珍珠当成石头，是他没有眼光。**缺点就像女孩脸上的小雀斑，在不喜欢她的人眼里，雀斑是丑陋的，但在喜欢她的人眼里，雀斑是调皮可爱的。**所以，我们无法给雀斑本身下美丑的结论。他不喜欢你，你好的地方也是缺点；他喜欢你，你不好的地方也是优点。在我眼里，你是非常好的。错过这么好的你，是他的损失，他以后一定会后悔的。你应该庆幸他没有耽误你太长时间。我也应该为你感到开心，因为你终于有机会去遇见觉得你闪闪发光的人了。"

"对啊，是他的人品有问题，不是我的责任。他这次劈腿，相当于帮我及时止损了，不然，我得一直陪他耗下去。现在出现问题，其实是好事，如果结了婚再出这样的事，就更麻烦了。我应该觉得庆幸。"朋友豁然开朗。

有个朋友因为父母坚决反对而被迫和男友分手。

她沮丧地说："好不容易遇见彼此合适又深爱的人，却不能在一起。都三年了，我以为我们会结婚的。我之前以为自己得到了全天下最美好的爱情,我以为自己是一个幸运儿,为什么命运如此捉弄人?这段爱情不被父母祝福,我们就真的无法得到幸福吗?"

暖暖开导她:"完美的爱情就像价格高昂的奢侈品,难以得到;有遗憾的爱情则像独具韵味的艺术品,饱含深意。你的爱情只不过由奢侈品变成了艺术品。不管形式如何变化,你都真切地经历过爱。爱情和婚姻不一样,爱情只需要两颗真心即可,婚姻讲究的是天时地利人和。不要因为无法结婚而全盘否定你们曾经的爱。**有时候,失去反而是一种永恒,因为我们总是对无法拥有的事物保持热情,对已经拥有的事物反而没有那么珍惜。**"

有个在爱情中持续付出的朋友陷入了迷茫。她说:"为什么我付出那么多,他还是无动于衷?他看不见吗?为什么他从来不想着为我做些什么呢?我倒也不是期待他做什么大事,我只是想看到他的心意。到底他是否爱我呢?"

暖暖点醒她:"如果他爱你,他一定会想办法让你知道,或许以他的眼神,或许以他的行动,或许以他的告白。**如果你看不出来,很可能只是他没那么爱你而已。**不要花时间去思考他是否爱你了,因为浪费再多时间,也不会改变现状。将这时间用来好好爱自己,会吸引到更好的人来爱你。"

有个朋友拥有了甜蜜的爱情,却患得患失,很怕这份爱情消失。

暖暖启发她:"没人能保证爱是永恒的。当下拥有已经很难得了,珍惜当下彼此的真心,记住现在的感觉,就够了。**当你不再恐惧,不再害怕,不再担心失去时,你才能更长久地拥有这份爱。**"

暖暖总是温温柔柔地化解人的心魔，这就是高情商。

她人缘很好，朋友很多。不管出了什么事，大家都会出手相助。她用自己的高情商，赢得了很多真友谊。

什么是高情商？

高情商不是昧着良心说瞎话，也不是违心讲些恭维话，而是一种温暖与共情，是一种包容与鼓励，是一种爱与修养。

什么是低情商？

是对别人做错事情的批判，是对他人的全盘否定，是对周围事物的习惯性抱怨，是不分青红皂白地污蔑，是不顾及他人感受地挖苦，是指着别人的缺点大肆嘲笑，是不分场合地公开恶意指责，是以为对方好的名义发出的责怪，是一味贬低别人、抬高自己的孤傲，是戳人痛处的谩骂，是酸言醋语的嘲弄，是哪壶不开提哪壶的任性。

所谓的真性情，是毫不留情地揭开别人的伤疤再撒一袋盐，是见别人落井赶紧大呼小叫喊一堆人来围观看笑话，是把别人的缺点放大数十倍再嚷嚷出来广而告之。

他们以自我为中心，只要对方不符合自己制定的规则，就要下意识打击对方。他们对这个世界的评价，往往局限于单一的认知维度。

他们素质不高，修养不够，其实也挺可怜的。

高情商的人，通常情绪稳如泰山；低情商的人，通常情绪不稳定。想想看，一个连自己的嘴巴都管不住的人，情绪能稳定吗？

人类发明语言是为了沟通，而不是为了彰显所谓的真性情。

网上流传一句话："千万不要和消耗你的人在一起，离开他们，方能获得新生。"

说得很对，离开这些低情商的所谓真性情的人，你会发现天亮了，风清了，就连空气也都变得清甜了。

亲爱的，生活已经很难了，何必自找心累呢？请远离那些伤害你的人，和让你开心、快乐、喜悦的人在一起。

13

不要让别人的嘴巴，
定义你的人生

当你不再寻求他人认可的时候，

也就不再受他人评价的干扰。

一个人变得成熟的标志是，

不再试图从外界寻求鼓励、认可与肯定。

1

烟烟是一个兴趣非常广泛的姑娘,有各种各样的爱好。但是身边总有很多阻挠她的人。

她去玩陶艺,有人说:"泥巴有什么好玩的?小孩子才爱玩。"

她去玩摄影,有人说:"单反穷三代,没钱别瞎碰。"

她去学画画,有人说:"别人画画练的是童子功。你都成年了,怎么追得上别人?"

她去学跳舞,有人说:"一把年纪了,身体不协调,就别学了。"

她去拍视频,有人说:"又不是美若天仙,拍哪门子视频呢?"

她去学编织,有人说:"又不是专业的,随便看看得了,何必费这劲呢?"

她去学写作,有人说:"你又不是高中生要写作文,学这有啥用?"

烟烟不管这些人的闲言碎语,听听笑笑就过了,根本不放在心上。她下了班,便一头扎在各种各样的爱好中,生活丰富多彩,整个人快乐又自在。

后来,她在朋友圈发消息说,要裸辞周游世界。朋友圈顿时炸开了锅,很多人劝她别辞职,说这么好的工作丢了可惜,想旅行的话,趁假期去就行了。

没多久,烟烟发了一张在机场背着旅行包的自拍照,配了一段自由宣言:

我知道大家劝我是为我好,

可是只有我知道自己想要什么。

我想要趁着年轻热气腾腾地活一次,

我想要听听其他国度的语言,

我想要体验这个世界不同的生活方式。

我不想像被圈在方寸之间的动物一样,

我不想这一生没有见过世界就老去,

我不想以后想起年轻全是悔恨之事。

我想要自由,

想要想做什么就做什么的自由,

想要不想做什么就不做什么的自由。

我没有干涉过你,请你也别干涉我。

如果你祝福我,那我收下。

如果你阻止我,那请别费心。

我知道,这很狂妄。

但我也知道,我可以做到。

好惊艳啊,看到这段话,我为烟烟赞叹不已。

接下来的日子,她一边在各个国家旅行,一边写作记录旅行趣事,一边拍摄视频发在自媒体平台上。

她在大溪地自由潜水,在北极光里开心奔跑,在芬兰雪坡上怡然滑雪,在古巴街头惬意喝咖啡,在乌斯怀亚的红色灯塔下看世界尽头……

她所有尝试过的兴趣爱好,都在旅途中得到了充分展现。因为文字功底好,她收到了出版社的邀请,写一本关于旅行的书。在一次陶艺活动中,她还碰上了自己的灵魂伴侣。

烟烟活成了朋友圈的传说人物,大家称她是"那个不顾一切自由自在周游世界的女孩"。

那些一开始绝不看好的、冷嘲热讽的、阻止劝说的,慢慢转变了心态,羡慕起了她。身边的朋友开始以她为榜样,都说她这样才没白活这一生。

烟烟走到现在,躲过了多少负面评价的干扰,才获得了真正的自由,屏蔽了多少喧嚣的噪声,才过上了喜欢的生活。

你呢?有这样的勇气吗?

你会因为别人的一句话耿耿于怀很多年,你会因为别人的一次否定而自卑难受很多天。你就像被压在五指山下的孙猴子,别人的每句话都是一个封条,一条一条封印在山上,令你动弹不得。

为什么你总是听别人的建议,而非聆听自我的心声呢?

因为你不敢负责。你怕自己随心所欲地生活之后并没有达到理想

状态，你怕自己无法承担和面对糟糕的结果。所以，你听父母的话，听亲戚的话，听朋友的话，万一你真的搞砸了，可以撂挑子往地上一搁，说："看吧，都是你们出的馊主意，和我一点关系也没有。都是因为听了你们的话，我才混成如今的惨状，这可不是我自己的责任。"

你不用承受他人的非议，反而能够站在道德制高点，去指责那些当初给你出主意的人。你不敢独自承担后果，所以才要听别人的话，以待日后推诿责任。

同样是得到糟糕的结果，如果是按照自己的心意行事造成的，那你肯定会蒙受更多的指责："早就告诉你不要这样做，让你听话你不听，你非要这样，看吧，是不是后悔了？"

但你的生命仅此一次啊，你拿自己的生命做听取别人建议的实验，最后搞砸了，再怎么推卸责任，也是你自己独自面对惨淡。

一张嘴如同一支喇叭，那么多喇叭在你的身边嗡嗡嗡地吵闹着，你还能安心生活吗？当你把那么多时间用在消化、理解、揣摩、拆解别人的话语上，你又有什么时间来照顾自我呢？

你听了 A 的建议，过上了 A 喜欢的生活；你听了 B 的建议，过上了 B 喜欢的生活。什么时候你过上自己喜欢的生活呢？

这生命是你的，这人生是你的，这生活是你的，不是他人的。要永远记得，你才是你此生唯一的主角，其他人都是配角而已。

你尊重了别人说话的权利，那谁来捍卫你拒听的自由呢？

他们毫无边界的语言，实质上是在侵犯你的个人领地。你必须坚定地拿起内心的武器，捍卫自己的心灵疆域。

他敢说，你要敢不听。

你要拒听那些对你进行人身攻击的负面评价：

在你体重增加了时，他说你怎么这么胖、这么丑；

在你健身运动时，他说你的肌肉腿太壮、很难看；

在你剪了短发时，他说短发就是女汉子；

在你留了长发时，他说你的发型太过平凡，毫无特色。

你要拒听那些"为你好"的建议：

在你享受快乐单身生活时，他说你一把年纪了，再不结婚就没人要了；

在你想要换个更喜欢的工作时，他说稳定才是发展的王道；

在你选择继续深造时，他说学历再高也不过是张纸，还是赚钱最实际；

在你想要环游世界看风景时，他说外面的世界再美，也比不上家里的安稳。

你要拒听那些对你毫无道理的否定：

在你想要尝试新事物时，他说你不行、你不能；

在你想要努力工作时，他说阶级固化，枉费心力；

在你想要突破自我时，他说你这么笨，别瞎突破；

在你想要考个证件时，他说考证没用，白费功夫。

你要拒听那些莫名其妙的冷嘲热讽：

在你布置家居时,他说文艺小资真费钱;

在你享受爱好时,他说闲着没事不如打麻将;

在你运动变美时,他说你想变美得回娘胎重塑;

在你想要攒钱买房时,他说你能买得起房得等下辈子了。

你只需对他说一句:"关你什么事!"

2

我见过很多听了别人的话而改变原来生活的人。

有个女孩从来不穿裙子,只穿裤装。因为十七岁那年她穿了一件格子短裙对暗恋的男生表白,男生听后说了一句话:"你的腿好粗啊。"

有个男生在大学毕业那年发现了一个很好的商机,准备创业。但是父母不同意,逼着他考公务员。后来,这个商机被别人发现,创业成功,还融了资。

有个男孩带女朋友见父母,因为妈妈不同意而分了手。男孩娶了妈妈喜欢的另一个女孩,婚姻并不幸福,坚持了八年最后还是离了婚。

有个女孩小时候很喜欢画画,但美术老师说她没有天赋。从此,她便搁笔不画。直到成年后深陷抑郁,她再次拿起画笔,才发现热爱比天赋更具力量。终于,她靠画画疗愈了自我。

你有没有想过,你为什么必须听别人的话呢?

他的阅历可能比你的少，他的经验可能不如你的丰富，他的认知可能比你低，他的知识可能不如你的广阔，那么，你何必听他的话？

即使对方的经验与知识都碾压你，你也不用全听他的话。因为他再厉害，他走的也是他那个人的路；你再差劲，你过的也是自己独特的生活。

为什么你总是在乎别人的言论、他人的评价？你想要的，无非是赞许的微笑、竖大拇指的表扬、点头的肯定。

你有所求，才会被他人言论所困；当你无所求，世间纷扰难撼你分毫。

这桎梏不是外界给予你的，而是你在自己的内心建造了囚笼。

怎么办？你得先打破自己对外界认可的期盼。

你无所盼，便无所顾忌；你无所求，便无所担忧；你无所期，便无所束缚。

当你不再寻求他人认可的时候，也就不再受他人评价干扰。

一个人变得成熟的标志是，不再试图从外界寻求鼓励、认可与肯定。

你有自己的成长信念，有自己的行事准则，有自己的价值体系。你敢于反驳别人的错误言论，敢于捍卫自己的地盘边界，敢于展示自己的独特魅力。

你从内心知道自己很勇敢，所以你不需要别人对你说你真的很勇敢；你从内心知道自己很美好，所以你不需要别人对你说你真的很美好；你从内心知道自己很优秀，所以你不需要别人对你说你真的很优秀。

当外界有人对你唠叨的时候，随时在心里念一下："其实他对我没那么重要，我根本不在乎他的看法。"

当你不在乎他爱不爱你的时候，他说爱或不爱都无所谓；当你不在乎他讨不讨厌你的时候，他说讨厌或不讨厌都无所谓；当你不在乎他恨不恨你的时候，他说恨或不恨都无所谓。

而反过来：

当你在乎他爱不爱你，他说爱你便是天堂，他说不爱你便是地狱。

当你在乎他讨不讨厌你，他说讨厌你你便难过，他说不讨厌你你便开心。

当你在乎他恨不恨你，他说恨你你便伤心，他说不恨你你便释然。

只有当别人的肯定、夸奖、赞美无法动摇你的自我认知，你才会对别人的否定、打压、质疑保持从容与漠然。

当你的周围充斥着嘈杂的言谈和喧嚣的声响，请你把耳朵捂上，把眼睛闭上，坚定地推开人群，勇敢地向前迈步，去过自己清净且自在的人生吧！

14

弱者抱怨黑暗，
强者提灯前行

弱者畏惧自我束缚，逃避困难，

最终深陷困境，难以自拔；

强者敢于自我设限，挑战极限，

最终逃离了心灵的桎梏，追寻到真正的自由。

弱者害怕把自己送进牢笼，从而陷入真正的牢笼；

强者敢于亲手把自己关进牢笼，从而远离束缚心灵的真正牢笼。

1

刘夏创业多年,独自一人撑过了很多难熬的时刻,终于打下了一片天。

融资的时候,她拿着商业计划书,认真讲解公司的未来规划。投资人不经意地说:"我对你的项目挺感兴趣,就是你们合伙人都是女性,怎么没有男性呢?我倒也不是有什么其他想法,就是男性可能更强一点。"

她吃过很多苦,再苦也没有哭过。但是这次,在会议结束后,她在卫生间悄悄哭了。擦干了眼泪,她心里攒着劲儿,要用实力向所有人证明,她也可以。

她遇见过很多次性别歧视,但从来没有想过放弃。

有一次,她请一个客户吃饭,席间对方说:"咱们可以试试合作,对双方都不错,为了长远着想,我也可以给刘总多让点利。"说罢,他用手摸了摸刘夏的长卷发。

刘夏果断拒绝了这个客户,出门去理发店把长发剪短,以后再没有留长发。

晚上加班，她从巨大的玻璃窗向外望去，是灯火通明的城市夜景。

突然想起六年前的那个夏夜，自己在廉租房，没有空调，只有房东留下的老式电扇，将近四十度的高温里，她的衣服湿了又干，干了又湿。

卡里就剩三百多块钱，桌上堆了几盒泡面，饿了就开一盒。趴在电脑前，给一个非常重要的客户做广告策划，苦思冥想，写了又改，改了又写。突然蹿出一只老鼠，把她吓了一大跳。

不眠不休三天，做出了三种各具特色的创意策划方案，赢得了客户尊重，达成了长期合作。

那时候，她的大学同学打扮精致，穿着漂亮，背着时尚包出入CBD（中央商务区），而她灰头土脸，住在城中村。

她不是没有想过，要不去上班吧，每月有稳定进账，还不用这么累。但她没有选择那样做，她知道自己不愿仅仅做一个漂亮的打工人。她喜欢创业的感觉，喜欢这种风里雨里拼搏的斗劲儿，喜欢一点点地构建属于自己的地盘。

她不是没有退路。毕业时，父亲让她去家里的公司上班，她拒绝了，理由是：我想看看，靠自己一个人能干成什么。

疫情期间，她的业务遭到重创，不得不忍痛裁员。给员工准备好了补贴，算了算现金流，还能撑一段时间。这段时间，就休养生息吧。

凡事预则立，不预则废，别人还在沉睡时，她已经提前部署了计划。停业的日子里，她潜心研究了生存策略，疫情过后，迅速铺展开事业。

从廉租房内创业开始，到租了三室一厅招团队，现在，在这个城市的 CBD 拥有了办公场所。

有一次面试新人，来面试的人刚好就是那个出入 CBD 的女同学。她现在还是出入 CBD，只不过进了刘夏的公司。

有人喊刘夏女强人。她认真地说："去掉'女'字，强者不论男女。"

在《遥远的救世主》一书中，丁元英说："强势文化就是遵循事物规律的文化，弱势文化就是依赖强者的道德，期望破格获取的文化，也就是期望救世主的文化。""强势文化造就强者，弱势文化造就弱者。""传统观念的死结就在一个'靠'字上，在家靠父母，出门靠朋友，靠上帝、靠菩萨、靠皇恩……总之靠什么都行，就是别靠自己。这就是一个积淀了几千年的文化属性问题。"

我认识一个姑娘叫阿香，她的口头禅是："在家靠父母，出门靠朋友。"

上学的时候，不会的题目她顶多思考一分钟，下一分钟就要问学霸同桌。

在她的同学吭哧吭哧跑人才市场，海投简历面试实习，为工作忙得不可开交的时候，她的父母早就通过关系给她安排了工作。

"有关系也是能力的一部分吧。"她扬扬得意。

工作了,遇到难题,就给朋友打电话求解决方案。她经常说:多条朋友多条路,我哪个朋友学术很厉害,哪个朋友人脉很厉害,哪个朋友资源很厉害。

这就是弱者思维,不想着将自己培育成一棵树,只想坐在他人栽种的大树下乘凉。

这种思维容易形成路径依赖。可以预料到的糟糕结果是,一旦这个路径消失或者堵塞,你便感到走投无路了。

你可以从老师那里汲取知识,从牛人那里得到经验,从厉害的人那里借鉴才华。但你无法获得他们的灵感、手感、体悟与深植于体内的本能。你也无法复刻他人曲折的人生路,体验他人漫长的心理感受,领悟他人面对艰难抉择时的决断。我们只能自己去经历,去成长,去感悟。

强者之所以为强者,是因为他们从不完全依赖于任何路径。他们深知,不管看起来多么安全、可靠的路径,都有可能在下一秒发生巨变。因此,他们注重打造自身,这样面临任何巨变都能从容应对。

弱者看眼前,认为稳定就不会变;强者看趋势,懂得唯一不变的就是变化。

2

电影《肖申克的救赎》我看过很多遍,在不同的年纪看,有不同的感悟。

主角安迪是个意气风发的年轻银行家，因涉嫌杀人蒙冤入狱。

暗无天日的监狱并没有泯灭他求生的欲望。安迪有一次偷入广播室，悄悄放了《费加罗的婚礼》的唱片。悠扬的音乐飘荡在高空，所有人驻足静听。为此，安迪被关禁闭，他却认为很值得。

而他的狱友们，一个个变得麻木和迟钝，习惯了辱骂和鞭打，习惯了规则和禁锢，忘了自由和梦想。他的好友瑞德甚至说："希望是件危险的事，希望能叫人发疯。"

狱中图书管理员叫布鲁克，在那里待了半辈子，虽然年迈却受人尊敬。他被假释，出了围墙，却发现这个世界变得很陌生。他获得了很多人日夜期盼的自由，却悲凉地发现自己还是适合被禁锢。他自由了，却感到迷茫，无所适从的他最后选择了自杀。

安迪具备丰富的财务知识。他偶然帮一个狱警避税，很多狱警得知后都找他帮忙，最后典狱长也给了他一份工作。他的生活因此得到一点改善，可以避免繁重的体力活了。

得到典狱长同意后，他每周写一封信给政府，请求重修图书馆。六年后，终于换来了拨款和捐赠图书。接下来，他每周写两封信，不胜烦扰的政府终于同意每年给以固定拨款。利用这些钱，安迪重新修建了图书馆。

为了实现自由，他悄悄酝酿了一个逃离计划，规划了清晰的行动路径。他十几年如一日地用一个小锤子挖洞，坚定不移地执行。就是这个可以藏在《圣经》里的毫不起眼的小锤子，为他凿出了求生的道路。

他说："要么忙着生，要么忙着死。"

很多年后的一个暴雨之夜，安迪爬进地道，忍受着恶臭，穿过了五百码的下水管道，终于获得了自由。

在这种一点生存余地都没有的情况下，安迪依然靠强者思维救赎了自己。

如果他把那个小锤子送给其他人，说可以用它花费十几年的时间通向自由，对方可能嗤之以鼻，不了了之。瑞德甚至说，靠这个小锤子，要花六百年的时间才能挖通地道。

影片最后，假释的瑞德沿着长长的旧石墙，跑到安迪告诉他的那棵繁茂大橡树前，找到了埋在黑色火山石下的一封信。信上写道："记住，希望是个好东西，也许是世间最好的东西，好东西永远不会消逝。"

安迪用近二十年的时间，换得了自由。

有人说，二十年太辛苦了。

但是他不用二十年去开辟自由之路，同样也得在这二十年里饱尝禁锢之苦。花一样的时间，何不选一条更有希望的路呢？

那些厉害的人有惊人的相同之处：身处绝望压抑的囚笼，还能心怀希望，向往自由；坠落黑暗的谷底，还能翻身向上爬；被人打碎了牙齿，还能咬紧牙关，含血前行。

如果你对他说："省省劲儿吧，都掉坑底了。"

他会回复："反正都掉坑底了，那我不管朝哪个方向走，都是向上的。"

迎难而上、敢于挑战的，是强者思维。

知难而退、裹足不前的，是弱者思维。

157

强者接受此刻的平庸，但拒绝放弃更好的可能。

3

有个北京男生，天资聪颖，还是一位运动健将。

十八岁那年，在陕北农村插队的他突发高烧，双腿无力。这是他生命的转折点，从腰部隐隐疼痛到完全瘫痪，不过短短几年，他便再也无法站起来。

被医生的一纸诊断判定了终身残疾，他不甘心，不屈服。母亲也不信医生的判断，总觉得儿子能恢复健康，各方打听搜集信息，找来各种各样的偏方，熬药、针灸……母亲全部的爱，投射在这漫长孤苦的暗夜里。

有一年，母亲说北海的菊花开了，求着儿子一起去看看。

但还没来得及看花，日夜操劳的母亲就累出了病。她昏迷前的最后一句话是："我那个有病的儿子和我那个还未成年的女儿……"

他写了一篇文章《秋天的怀念》，写了自己母亲的故事。对，他就是作家史铁生。

他的病情愈来愈严重，得了尿毒症。每周去医院报到三次，做透析，把全身的血液从身体里抽出，用机器复杂处理后，再重新输入他的身体。

即使受此磨难，他也没有要放弃生命，继续拿起笔写作。

"人不可以逃避苦难，亦不可以放弃希望。"

"看见苦难的永恒，实在是神的垂怜。"

"职业是生病，业余在写作。"

他在轮椅上的三十八年，学会了思考，学会了自嘲，学会了写作，学会了与命运和解。

他的身躯被病魔缠绕，但他不屈不挠地搏斗着。他以宁静沉着的姿态、睿智豁达的态度，手执锈满苦难的笔。平等、自由、文化、艺术、爱情、命运、天堂、信仰、道德……人间一系列复杂纷乱的东西，纷纷扬扬地从他的笔下流淌出来，展现出一个真实而深刻的世界。他的文字，如同他的灵魂一样，充满了力量与智慧，让人感受到生命的顽强与美好。

他的人生本是一片贫瘠的盐碱地，执着无畏的他愣是让鲜花开满了生命。轮椅禁锢了他的躯体，他的心灵却长出一双丰盈的文学翅膀，带他畅游四海，驰骋九天，于精神的王国里自由翱翔，飞过浩瀚的喧嚣人海，穿过浮华的悲欢喜乐，抵达生命真谛的天堂。

这便是强者。

强者永远直面苦难与鲜血，弱者永远躲避困难与艰涩。

弱者需要承担什么？

承担想买一件东西却总也攒不够钱的贫穷，承担总是被上级苛待与指责的痛苦，承担在同学聚会举杯相庆时无法言说的自卑。

强者需要承担什么？

承担在无灯深海中航行的孤独，承担在大漠中无依无靠的寂寞，承担在战场上孑然一身的无助。

弱者最擅长的姿态是屈服，最常用的方式是逃避，口头禅是"不会"；强者最擅长的姿态是坚韧，最常用的方式是积极面对，口头禅是"我能"。

弱者畏惧自我束缚，逃避困难，最终深陷困境，难以自拔；强者敢于自我设限，挑战极限，最终逃离了心灵的桎梏，追寻到真正的自由。

弱者害怕把自己送进牢笼，从而陷入真正的牢笼；强者敢于亲手把自己关进牢笼，从而远离束缚心灵的真正牢笼。

弱者的心态犹如惊弓之鸟，时刻处于恐惧与不安之中，生存能力危如累卵，自身命运险象环生；强者在变强的路上不断积累丰富的经验，他们的认知、能力、资源、资产如雪球般不停滚动，呈指数级增长。

弱者才薄智浅，强者德才兼备；

弱者滥竽充数，强者出类拔萃；

弱者不孚众望，强者不负众望；

弱者甘居人后，强者不甘示弱；

弱者偃旗息鼓，强者重整旗鼓。

对，你也看出来了，这个世界终归是属于强者的。

15

你爱的人和爱你的人怎么选?
选自己!

爱不是感天动地的自我牺牲,
爱是尊重与平等。
爱不是低到尘埃里的瑟缩卑微,
爱是自信与自重。
恋爱中,你越感到匮乏,就越过分在意,
越渴望从对方身上得到什么,也越容易患得患失。

1

年轻女孩们大概都在心里有过这样的念头:你爱的人和爱你的人,怎么选?

就像很多人小时候都在心里想过:清华和北大,我以后到底要去哪个学校?

楚楚有一天郑重地问我:"如果你的生命中同时出现了这两个人,一个是你非常爱的人,一个是非常爱你的人,你该怎么选?"

之前,她曾经看到有人在网上如此提问,当时她还打趣道:"怎么可能有这样的选择呢?"

没想到,这个世纪难题还真被她碰到了。

她已经二十八岁了,工作稳定,样貌不错,除了整日被七大姑八大姨催婚,没有什么烦恼。

她其实一个人生活得潇潇洒洒,根本就不觉得孤独。但是前不久她的妈妈生病,说自己的心愿就是看着她结婚,有个稳定的家庭,这样就是死了也放心了。

于是,那些本就催婚的姑姨们张罗起来,把各自手中条件不错的适龄男青年的信息收集起来,就差做成PPT展示了。

楚楚为了妈妈,去相了几次亲。

楚楚把这些相亲故事一一讲给我听,简直够写一本奇人大观。

相亲对象:"我喜欢狗,如果你不让我养狗,我是绝对不会和你结婚的。"

楚楚内心:"咱也没到谈结婚的地步啊!"

相亲对象:"我比你挣得多,到时候,你就辞职照顾家庭,我来养你吧。"

楚楚内心:"我才不稀罕。"

相亲对象:"我妈说,咱们最好生两个,一儿一女刚刚好,也不用学别人生三个,太多了。"

楚楚内心:"孩子的性别和数量,还是顺其自然的好。"

相亲对象:"你的身高怎么只有165?我高185,你站在我身边是不是有点矮?"

楚楚内心:"我虽不高,也不该被人贬低吧。你那么高,也得注意控制下体重才好。"

经历了一系列如果起名《相亲男奇异大赏》发在微博上就一定爆火的相亲局后,她终于遇见了一个正常人。

对方学历不错,工作还行,背景尚可,谈吐、性格正常,起码不像之前那些人第一次见面聊天就能被气吐血。于是,楚楚留了微信,保持联系。

而他对楚楚一见钟情,开始了追爱之旅。

楚楚饿了,下厨做饭;楚楚胃疼,半夜送药;楚楚上班,送到公司楼下;楚楚下班,开车来接。

"你喜欢他吗?"我问。

"我觉得他挺不错的。"楚楚答。

"那你到底喜欢他吗?"我追问。

"说不上来喜不喜欢,但是我觉得他喜欢我。"楚楚说,"我就是觉得,经历了那么多奇特的人之后,遇见一个正常人已经很不错了。我现在对结婚的要求就是,对方是个正常人。我爸妈也都觉得他挺好的,人稳重,又上进,最重要的是,他对我很好。但是,我总觉得好像缺了点什么。"

楚楚缺的是心动。

过了一段时间,楚楚给我打电话求救。原来,她在大学时代喜欢的一个男生,最近突然和她有了联系。楚楚去旅行的时候,拍了照片发在朋友圈,这个男生留言:越来越美了。

楚楚翻遍了朋友圈,看不到对方有任何女朋友的蛛丝马迹,便鼓足勇气试探性地问:"我在的这个地方挺好玩的,以后带女朋友来呀。"

对方回:"哪里来的女朋友,我还是孤家寡人。"

楚楚狂喜,经过一系列缜密的分析,觉得这个男生给她评论且表明自己单身的态度,就是对她有好感。

于是,楚楚就以朋友的身份经常和他聊天,努力想话题,努力找借口，为的就是能收到他的消息。哪怕对方回复"嗯嗯"，她都能盯着看很久，企图通过这两个字看穿对方的心思。

奇怪的是，这个男生不会主动找楚楚聊天，但在楚楚给他发消息之后，又都是秒回。

电话里，楚楚对我说："他到底对我有没有意思呢？如果他不喜欢我，为什么会陪我聊天到半夜？如果他喜欢我，为什么又从不主动开启话题，也不主动约我出去呢？我到底要不要探探他的口风，问问他对我的心意？可是我怕知道了答案之后，连朋友都没得做了，怎么办？我每天纠结这些，真的感到好困扰。我感觉自己处于一个十字路口上，一边是喜欢我的相亲对象，一边是我喜欢的人。到底该怎么选呢？好难啊！"

选择一个爱你但你不爱的人，日后，你要忍受你不爱的人与你耳鬓厮磨，忍受灵魂难以共鸣，忍受日日夜夜枯燥且寂寞，忍受无趣的人生，忍受一次次想要离开的冲动。

一句话，本来自己的生活过得蛮有趣的，愣是让一个自己不爱的人给搅和无趣了。

而如果选择一个你爱但不爱你的人，日后，你要忍受对方不够包容与体贴，忍受对方的无情与冷漠，忍受自己笑脸相迎而对方厌弃以待，忍受付出一颗真心却看不到回报，忍受他遇见了自己喜欢的人而离开你的可能。

对于不爱你的人来说，你的付出一文不值，你的奉献无足轻重，你的牺牲就是一个笑话。他吝啬到一毛不拔，你大方到倾其所有，恨不得把命都奉上。你以为自己给予对方一切，无底线地包容对方，就是在爱人吗?

这两种情况,各有各的惨。

和相亲男的关系,只是你不够爱他而已;和大学同学的关系,只是他不够爱你而已。

双方之间的火候差了一点,这茶就煮不香了。

为什么要把自己好端端的生活弄得进退维谷?如果你能跳出这个怪圈,从更高的层级来看,你就会发现,还有其他的解题思路。

这个世纪难题的另一个解题思路是:爱自己。

这是我对楚楚最真诚的建议。如果她考虑的两条路都是火坑,我怎忍心看她硬生生地跳进去?如果她考虑的两个选择都有很强的弊端,又何必强行去试验?

爱,不是你爱我或者我爱你就可以在一起。想要在一起,还得天时地利人和,要克服种种困难:异地工作、双方家庭差距、双方磨合、生活里的鸡毛蒜皮……

爱禁不起试验,一旦不对就会分崩离析。

当你深陷这个漩涡,就把自己的注意力都放在了别人身上。试着收回注意力,看看漩涡中的自己,开心吗?快乐吗?如果那两个选择都让你不开心,何不放弃?

2

电影《82年生的金智英》由同名畅销小说改编,拍出了韩国女人的真实困境。

电影里，金智英为了养娃，辞了工作，没有收入，放弃社交，每天 24 小时围绕着孩子和老公转。她在努力扮演好所有角色：父母的好女儿、公婆的好儿媳、老公的好妻子、女儿的好妈妈、弟弟的好姐姐、姐姐的好妹妹。

但在别人眼里，她只是个靠老公的薪水养活的女人，没人理解她的难处。长期生活在压抑中，她无处倾诉，心情抑郁，精神开始恍惚。

女人只要结婚生子，都很容易变成金智英。

当我们还是小女孩时，努力学习超越同学，因为妈妈说，学习才可以实现梦想，成为很厉害的人。

长大了，遇到喜欢的男孩，谈起恋爱。别人说："年纪不小了，该结婚了吧。"别人说："该生孩子了，不然就成高龄产妇了啊！"

于是，女人们开始备孕、怀孕、生子。在这漫长的十个月中，经历孕吐、变胖和笨重、疼痛。生完孩子后，还有各种生理和心理上的后遗症。如果没人帮你照顾孩子，得辞掉工作在家带娃，还会有人轻飘飘地说："看你过得多轻松啊，不用工作，还能花老公的钱。"

全职妈妈们被困在客厅和厨房，围绕着老公和孩子团团转，麻木了灵魂，迷失了自己。她们想的只是饭菜合不合丈夫的口味，老师喜不喜欢自己的女儿，哪里还有时间做自己？

为什么女孩们总是把爱情看得非常重要，却不看重自己呢？

因为她们从小到大都浸泡在这个社会呈现的虚幻的爱情至上主

义当中，传说、影视剧、小说都在极力营造爱情的绚丽泡沫。

仿佛有爱之人身处极乐天堂，无爱之人坠入无尽深渊。

小美人鱼为爱化为海上透明的泡沫，朱丽叶为爱自杀殉情，织女为爱私下凡间被天规惩罚，祝英台为爱勇跳坟墓化作蝴蝶，白娘子为爱放弃千年修行甘入雷峰塔，孟姜女为爱千里寻夫不吃不喝哭倒长城……

在源远流长的爱情传说里，女性永远处于要爱还是要命的艰难抉择中，而她们必须矢志不渝地奔赴前者。牺牲越壮烈，爱情越绝美，好像牺牲了生命，就能换来恩恩爱爱不绝情，情意绵绵传千代。

后世感动其情深，赞美其至爱，颂扬其壮烈，无形中强化拔高了纯洁爱情之于女性的重要性。

女性得到爱，就仿佛得到了全部。这真实吗？

为什么没人反思，爱情与生命，孰轻孰重？为爱牺牲一切，就是值得歌颂的精神吗？

到底什么是爱？

是辗转难眠的思念？是牵肠挂肚的爱慕？是不舍昼夜的奔赴？

在我们被灌输的观念里，爱是什么？

爱是比翼鸟，爱是连理枝；爱是孔雀东南枝，绚烂而独特；爱是君住长江尾，遥远却相依；爱是玲珑骰子安红豆，爱是何当共剪西窗烛；爱是此情无计可消除，爱是一生一代一双人；爱是死生契阔、与子成说，爱是阆苑仙葩、美玉无瑕……

爱，仿佛是一切唯美意向的结合体。而无爱，则是丑陋的、寡淡的、干瘪的、痛苦的。

女孩们沉浸在这样的文化氛围中，沉陷在自我营造的美好幻觉中。

没人告诉她们：爱不是感天动地的自我牺牲，爱是尊重与平等；爱不是低到尘埃里的瑟缩卑微，爱是自信与自重。

也没有人告诉她们：亲爱的，其实弄丢了爱情，也不是什么大不了的事，最重要的是，你别弄丢了自己。

爱情是重要，但没有重要到胜过你的生命。

如果爱情困扰了你的生活，我希望你有勇气告诉自己：不是你的错，只是爱情不合适。

3

被爱情困扰的女孩子，总是把注意力投射在对方身上。

看到对方提出约会的消息，你犹豫了很久，反复思考着：是要回复"好的""好呀"，还是"好哦"？

你想："别看差不多，这三个词隐含的意思大不一样，'好的'有点高冷，'好呀'有点俏皮，'好哦'有点暧昧。"

你想："我是表现得高冷、俏皮，还是稍微暧昧点好呢？"

犹豫一个小时后，你选择什么文字都不发，只发了一个表情包。

接着你打开衣柜，兴奋地选衣服。第一次约会该穿什么风格？是清纯风、运动风，还是性感风？

你又在心里敲鼓：清纯风会不会显得幼稚？运动风是不是显得不够重视？性感风是不是显得过于热烈？

最后，你选了一套温婉的套装。

为什么你总是把时间浪费在对方身上？为什么你总是千方百计地去猜测对方的意思？为什么你就不能自己怎么开心就怎么来？为什么你就不能站在自己的角度来考虑？

很多时候，对爱情的幻想来自自身的某种匮乏。你可以试着看清楚，自己对异性到底有哪些幻想。

你希望他给你爱，因为你自身缺乏爱。

你希望他给你温柔的体贴，因为你对自己不够体贴。

你希望他给你富足的经济支持，因为你感觉自己的钱不够用。

你希望他带你看世界、增长见识，因为你很久都没去旅行。

你希望他给你提供情绪价值，因为你在自我情绪管理方面有所不足。

如何才能爱自己？

有一个很好的方法，那就是你渴望对方给你什么，你就给自己什么。

如果你渴望得到他给你的爱，那么你可以学会在生活中好好关爱自己。在任何时候，都可以问问自己心情快乐与否。尽可能制造一些小惊喜给自己，也可以买自己最喜欢的东西作为礼物。

如果你渴望他给你温柔的体贴，那么你可以在生活中，认真照顾自己的身心——好好做每一顿饭菜，尽可能健康可口；晒晒春天的太阳，让能量得以增长；提醒自己每天运动，让身体健康起来；自备一些养生茶，每日煮好，多喝一些。

如果你渴望他给你富足的经济支持，那么你可以努力工作，提升能力，提高业绩，抓准时机，升职加薪，多挣钱，给自己经济上的安全感。

如果你渴望他带你看世界、增长见识，那么你可以每年存上一笔旅行基金，趁着年假，做做攻略，自己一个人或者带上亲友，去你最喜欢的国家或者地方度过一段美好的时光，在那里认识新的朋友，品尝新鲜的食物，欣赏美好的风景。

如果你渴望他为你提供情绪价值，那么你可以在难过时抱抱自己，与自己对话沟通，不要苛责自己；当你取得进步时，给自己最真诚的鼓励，激励自己继续前进；压力大时，选择自己最喜欢的解压方式，让自己轻松愉悦起来。

这些都是你可以给自己的。当你能够给予自己本渴望对方给你的东西时，你对他的爱便没有那么执着了。

满足自我需求是对对方祛魅的方式。我们总是渴求自己未曾拥有的，并且把得到的过程看得很难，而当我们拥有后，就会拿掉对对方的滤镜。

心有恐惧，身不宁静。

恋爱中，你越感到匮乏，就越过分在意，越渴望从对方身上得到什么，也越容易患得患失。

如果你本性自足，没有任何匮乏，那么任何人的到来都是锦上添花而已，有了很好，没有也无所谓。

你本以为这爱真的如他所说坚如磐石，直到海枯石烂，结果，还没有几天，就已破碎不堪。你不相信，也不甘心，你觉得还可以挽回。

现在很流行一种咨询,那就是情感挽回咨询。一般都是女生进行咨询,她们想要拯救自己破碎的爱情,于是,跟着咨询师的建议,做了相当多的努力和让步,只为让对方回心转意。

然而,我们必须明白,爱情并非一种恒久不变的感觉,它如同风中的尘埃,今天可以落在你的身上,明天也可以飘向他人。他曾为你的美丽倾倒,也会爱上比你更美的人;他欣赏你的天真,也会爱上比你更天真的人;他喜欢你的温柔,也会爱上比你更温柔的人……不管他爱上你的哪个特质,都会有人在这方面胜过你,他对你的感觉也可能随着遇见新人而发生变化。

他人之爱如流水,时有时无;自我之爱如磐石,坚不可摧。

很多人恰恰相反,爱他人坚如磐石,爱自己淡如流水。

任他人的爱如流水般自然流淌,来时不刻意挽留,去时不强求留住。

当你意识到这个层面,也就不会再受爱的困扰。

16

大多数人之所以焦虑，是因为没有目标

焦虑的本质是：

想要的太多，付出的太少，

还想迅速看到指数级回报。

1

灯仔在别人眼里,是一个非常努力的人。

朋友约他玩,他说自己很忙;朋友约他吃饭,他说没时间。

一开始,他忙于学业,发愤图强,课上聚精会神,课下刻苦复习,想要考专业第一。他担心自己成绩不好,担心以后找不到工作,非常焦虑。

没多久,他认识了一个创业团队,便觉得学历没啥用,不如加入这个团队去创业。结果,原始资金打了水漂。灯仔感觉生活无望,自暴自弃,泡进游戏厅,日夜颠倒。

打了三个月游戏后,他睡眠不足,视力下降,大病一场。功课落下了,钱也没有了,他愈发焦虑,便开始急着找实习工作。

他找到的实习工作,无非是打印文件、做做表格,还有些时候帮同事买咖啡、修打印机。他感觉消磨时日,坐立难安。

原来自己的普通本科学历只能找到这样的工作,灯仔不甘心。班里同学开始考研时,他觉得这是一个好出路,于是,加入了考研大军。看不完的专业书、背不完的英语单词、刷不完的题目,深深淹没了他,给了他极大的压力。

某天和高中同学聚会,看到当初没考上大学的同桌现在已经创业成功、年入百万,他更焦虑了。自己毕业后只能挣几千块薪水,租不起好房子,吃不起好饭菜,凭着死工资永远无法熬出头,他又开始自卑。

他找到了我,说:"我很焦虑,感觉时间一秒一秒在流逝,可是我根本不知道该做什么。在别人眼里,我很忙碌,但只有我自己知道,我是在瞎忙。我有一身力气,却不知道该往哪里使。"

我问:"那你是怎么决定要做某件事情的?依据是什么?"

他说:"我看别人做,我就想做。"

我又问:"那你是怎么决定要放弃某件事的?"

他说:"努力了一段时间,看不到结果,就坚持不下去了。没有结果的行为无意义。"

你生怕浪费一秒,恨不得一天当成 48 小时来用,安排得满满当当,想凭借一己之力,在这个世界上开拓属于自己的梦想之地。但如果没有得到预期结果,就感到十分挫败,感觉自己一无是处。

焦虑的人,就像小猴子慌慌张张跑下山,看见玉米摘玉米,看见桃子摘桃子,看见西瓜摘西瓜,看见兔子追兔子。最后,兔子跑了,两手空空。

你的焦虑,来源于你的虚假努力。

焦虑的本质是:想要的太多,付出的太少,还想迅速看到指数级

回报。

你在焦虑什么？
你焦虑和你一条起跑线的朋友跑得比你快，
你焦虑这辈子也赶不上衔着金钥匙出生的人，
你焦虑无法解决生活中如山的困境，
你焦虑那些糟糕的事情可能会落在你的头上，
你焦虑自己怎么也无法过上更好的生活，
你焦虑自己怎么也无法变成更优秀的自己。

生活就像一场无休止的打地鼠游戏，好不容易用锤子打掉一种困难，立刻浮上来另一种困难，冲着你张牙舞爪，你不断地压制各种情绪，劳累不堪。

今天看别人搞了副业，你心急如焚也想要挣钱，可是不知道从哪里下手；明天看别人培养了爱好，你羡慕嫉妒也想玩一玩，可根本不知道玩什么；后天看别人废寝忘食实现梦想，你也想要努力拼搏，却发现根本没有行动方向。

躺平的时候很焦虑，因为看到同龄人不眠不休在奋斗；努力的时候很焦虑，因为看到别人毫不费力就过了独木桥；娱乐的时候很焦虑，因为看到别人在为理想的生活而前进。

而你呢？没有好好工作，也没有好好娱乐，连休息都不能心安理得。

还有一些时候，无端萌生一种漂泊的孤悬感，感觉自己像汪洋大海中的一叶小舟，随着海浪的起伏而起伏，随着波涛的颠簸而颠簸。

做事的时候提不起劲儿，不做事的时候感觉很内疚；不知道为什么而努力，也不知道为什么而坚持；觉得做什么都对，又觉得做什么都不对；一会儿觉得自己应该做这个，一会儿觉得自己应该做那个，一会儿又全盘否定自己之前做的事情，觉得都没有意义。

冷眼看别人奔跑，融入不了人群。无论怎样给自己打气，都逃离不了颓废无力。

你感觉自己仿佛闯入了迷雾森林，茫然无措，不知该走向何方。整个人拧巴得如同一张晒干的皱巴干瘪的鱼皮，挂在细弱的树枝上被呼呼的风吹着。

心无定点，脚无落点，因为你毫无目标。

2

当代人的现状是：80% 的时间用于焦虑，20% 的时间用于反复向别人诉说自己太焦虑了。

一个人能焦虑成什么样，打开云轻的朋友圈就知道。

她是职场妈妈，朋友圈记录了各种各样让她焦虑的事情。

"头疼，想再往上升一升，学历不够，经验不足，业绩不突出，时间也不太多。到底应该是提升学历、刷刷经验，还是搞搞业绩或者挤挤时间呢？"

"突然发现朋友家跟我家娃同龄的小孩学了很多东西：奥数、编程、国际象棋……小学生最该学习哪个呢？我们家大宝上三年级，现在学这些是不是太晚了呀？求支招。"

"都说老公是猪队友，果然就是，带娃不行，做家务不行，搞工作也不太行。晚上孩子犯了点小错，他大呼小叫把娃吓哭了。和他大吵一架。怎么才能让他变得更优秀？"

"天天围着工作、孩子、老公转，感觉都没有自己的时间了。每天一睁眼，要做的事情那么多，一天二十四小时都不够用，到底应该怎么办？感觉什么都没有做好。"

"明知道还有很多事情要做，就是想看电视剧。都怪剧情太精彩，打开一口气看了五个小时，太耽误事了，明天就是项目的最后期限，好着急，今晚又得熬夜了！"

"想让自己变得更好一点，想让生活变得更好一点，却不知道该怎么办。唉！有心无力。"

字里行间透露了很多焦虑的情绪，问题很多，但不知如何解决。她把朋友圈当成了宣泄情绪的地方，并不一定是指望朋友圈带来解答，只是需要一个表达自我的出口。

有时候，你不得不戴着微笑面具，和周围的人理性沟通；你不得不切割自身，去掉棱角，迫使自己融入社会规则；你不得不疲于奔命，像消防员，奔跑在各个场景中救火……

你成了别人眼里举止得体、端庄大方的人，你成了别人眼里勤奋踏实、勇敢苦干的人。但，结束一天疲惫的自己，就像喧嚣派对过后被遗落在现场的瘪气球，空余软塌塌的躯体。你不知道为什么要做这些，但你不得不做。

你有没有认真想过：你想成为哪种样子的自己？如何才能做到

呢？只是想想而已，还是已经开始行动了呢？

很多人对于"成为更好的自己"的最大的行动，也许就是说出"成为更好的自己"的那一瞬间。

很多人被外因激发，打了鸡血般喊着"我要改变"，没过多久甩甩衣袖面露平静，又回到自己原本的生活轨道上。

把口号搁置在没有行动的空中楼阁上，必然迅速崩溃瓦解。

无法主宰自我命运的原因，是你的心在焦虑的洪流之中，没有从中抽离。

你每天非常忙碌，焦头烂额，疲惫不堪，什么都不想舍弃，还感觉事事不如意。人的精力是有限的，不可能做完所有想做的事情，可以看清重点，将不那么重要的事情丢弃。

如果你什么都想要，那么大概率什么都得不到。什么叫取舍？有舍才有得。

贪婪是人性的弱点。贪婪占满双手，如何能腾出时间来做更重要的事情呢？

眉毛胡子一把抓，最后什么都抓不住。

时刻记得"要事第一"。时间越宝贵，就越要知道让你赖以生存的根本是什么。抓住主要矛盾，才能更好地解决问题。

越是忙碌的人，越应该腾出时间，认真思考：哪部分 20% 的工作能取得 80% 的成果呢？砍掉你手头 80% 不重要的事情，集中精力，做好要事，这样的效能往往很高。

如果你觉得自己的力量够挖十个浅井，那么我建议你放弃其中九个，选择最想挖的那口井，深挖下去。把一口井打深打透，远远比打十口浅浅的井更为重要。

放弃的过程，也是一个深刻审视自我的过程。把那些繁杂的枝丫全部舍掉，留下最核心的树干，而这树干才是保命之本。枝丫重要吗？当然重要，但还没有重要到舍弃树干的地步。滋养树干，用力向下扎根，才能让大树更为繁茂。如果只顾着枝丫而忘记了树干，不是舍本逐末吗？

3

电影《风雨哈佛路》里，主角莉丝的家庭一贫如洗，父母吸毒且患有艾滋病，她的童年充满暴力、阴暗、愤怒、压抑、贫穷。她从未好好上过学，15岁迈入社会，睡在路边，混在形形色色的人群中。

直到有一天，妈妈死了，她躺在冰凉的棺木上，蜷缩在一起，仿佛想从妈妈那里获得人世间最后的温暖。

妈妈的去世带走了她最后的希望，她孤立无援，外界阴冷的风凉透了她的心底。当时的她处于焦虑与绝望中，不知道未来该走向何方。她说："我觉得世界外有一层外壳，我们所有人都在里面，能看到外面，却出不去。"

"我要上学，我不想做白痴！"她终于醒悟了，她想改变人生，竭尽全力地努力，看看会发生什么。从那时起，她的人生中只有一个目标：上学。

居无定所，她在地铁上睡觉；身无分文，她以乞讨为生；没有时间，她就在餐厅里一边刷碗一边读书，彻夜不眠地用功学习。

读书就是她最渴望的事情。最终，她用两年时间，完成了别人四年的高中学业，得到了《纽约时报》的奖学金，进入哈佛大学。

后来才知道，《风雨哈佛路》这部电影是根据真人真事拍的，那一刻，我有些震惊。

人生与电影不同的是，电影的主角与导演可能不是同一人，而人生的演员、导演与编剧，只能是同一人，那就是我们自己。当我们离开人间，人生的影片瞬时谢幕杀青，刻烙在光阴长河中。

当我们艳羡电影里的人物时，为什么不自己编写并导演、演出一部符合心意的人生影片呢？

当我们懒散时，命运就稀里糊涂地替我们草草涂抹出人生轨迹。其实，书写剧本的笔一直握在我们自己手中。当人生迟暮，一页页翻看人生这本书，恍然觉得自己的笔迹不是很多，大多是外界因素推动了自己人生故事的发展，因此有人抱怨自己的人生被命运主宰着。其实是我们自己懈怠了，才让命运有机可乘。若是主动书写，主动把握，我们的人生会沿着自己期望的方向前进。

这个时代，放眼望去，人人都如热锅上的蚂蚁，焦躁不安。如何摆脱焦虑，坚定地走向自己想过的生活？那便是，找到最重要的目标。

《客观主义伦理学》中写道："人类最基本的缺陷……是思维无法

聚焦、任凭意识游离的行为。不是盲目，而是拒绝去观察；不是无知，而是拒绝去了解。"

你不需要假装努力，不需要假装忙碌，不需要给别人展示你奋斗的过程，你只需要静下心来，奔赴你的目标。

什么是你的目标？什么是你真正想做的事情？

是你看见别人做到、自己没做到而耿耿于怀的事情，

是你半夜挂在心上睡不着觉却以太忙为借口耽误的事情，

是你不做不甘心却又寻思无数理由推脱的事情，

是你总是憧憬"要是怎样就好了"却又以"怎么可能"来否定自己的事情，

是在你的心海浮起 100 次你却 101 次按下它让它沉潜的事情，

是你想着"要是十年前开始做就好了"的事情，

是没有达到预期结果你也能享受过程的事情，

是你年迈时因未曾尝试而深感遗憾的事情，

是你阅读这段话时一次次浮起飘荡的念头……

对，你已经找到了！就是此时此刻浮现在你心里的这件事。

它一直在，只不过被你塞进了内心的角落里，你一次次忽略，一次次后悔，一次次宽谅自己。

我们很会合理化自身处境，应该做却没做某件事的时候，对自己说"我太忙"，放在 to-do-list 中却一直不开始做的时候，敷衍自己"还没到时机"。

当你找到人生中重要的事情后，你就不会再人云亦云、亦步亦趋、跟跟跄跄、焦虑漂浮了，因为你的心定了，你只需要朝着重要

的目标一步步走去即可。

像农夫一样，有耐心，有定力，相信时间的力量。农夫勤勤恳恳，春天播下种子，从来不会要求在播种之后立刻获得收成，而是认真灌溉呵护，施肥除草，耐心等待。他们知道，所有的收获都需要时间的酝酿，总有麦穗成熟的那一天。在耕耘和收获的时间罅隙里，承载着坚韧的力量。

像流水一样，温柔而笃定。有些人过于刚强，这种力量紧绷而脆弱，就像一根绷紧的弦，看似强劲，却一触即断。而坚韧的人，拥有滔滔流水的力量，切不开，斩不断，看似柔弱却可击穿巨石，朝着一个方向坚定奔涌、永无止息。你是要做脆弱的弦，还是滔滔奔涌的水流呢？

小时候，我跟着爷爷一起耕地，春天播种，夏天锄苗，从来不会在播种的第二天就期待收成。

秋风骤起，各人土地收成多少，就看他在春夏流了多少汗水。

做事就像种庄稼，播种、锄苗、灌溉、除虫，经过无数个日日夜夜，才可以闻到麦香。

如何去除焦虑，认真做成一件事？

第一步，找到自己最想实现的目标。

第二步，聚焦目标，用好你所有的子弹。

17

对自己狠一点，才能让自己变得更好

狠人舍得让自己跋山涉水，

舍得让自己卧雪眠霜，

舍得让自己摸爬滚打，

舍得让自己跌打沉浮。

他目光坚定，心无旁骛，

遇妖杀妖，遇魔斩魔，

下手精准，毫不心软。

对狠人来说，

所谓苟活，便是身苟，心不苟。

1

菜菜是外贸员,需要经常和国外客户打交道,她已经不止一次说要好好提升自己的英语水平了。

最近,领导要去国外参加展会。本来菜菜很有希望得到机会,结果领导说,需要口语水平优秀的同事跟着去。

菜菜一听就知道自己没戏了,她说的是中式英语,虽然不太影响交流,但经常有错误。

备受打击的她,开展了新一轮英语学习计划。她下决心:这次,我一定要把英语练到母语水平,等下次再有机会,我一定争取去国外。

她买了很多本关于英语学习的书籍,从网络平台上买了练习英语口语的视频,下载了五十部英文原声电影,还加入了好几个英语学习打卡的社群。

做完这些事情,花了她整整一周。

她盘点着手上大量的学习资料,开始发愁:该先学哪个,后学哪个?每天的学习时间就那么一点,该如何分配呢?

她又用一周时间做出了一个完美计划:用每天下班后的两小时学习英语,从听、说、读、写等各方面努力。

她把计划打印出来,贴在软木板上,放在书桌上最显眼的地方。

第一天:菜菜下班后,兴冲冲地坐在书桌前,按部就班地学习。

第二天:领导喊她临时加班半小时,她回家有些晚。"我今天加班了,太累了,现在要放松一下,明天学习吧。"

第三天:周末了,闺密约她出去撸串:"好不容易周末了,吃点好吃的犒劳自己呀。"回家之后已经深夜了,倒在床上就睡着了。

第四天:菜菜最爱的偶像演的新剧开播了。"千万不能错过,今天是第一集,非常重要,我要去贡献收视率。英语明天再学也可以。"

第五天:打算到家就开始学习,抽水马桶又坏了。自己一通操作后仍修不好,只好查电话、打电话,找师傅上门修,搞完这些已经没有精力学习了。

第六天:生理期到了,整个人又疲倦又劳累,根本就没有精力学习,还是赶紧睡觉吧。

第七天:无缘无故很emo,估计最近"水逆"了,做啥啥不顺,出门还踩了一脚泥,真倒霉,不是学习的好日子,果断躺床上休息。

第八天:暗恋的男生发消息了,菜菜开心得合不拢嘴,拿着手机将那条十个字的信息看了一百遍。

第九天……

就这样,一个月的时间,菜菜只学习了一天,剩下的二十九天,

187

每天都有不同的阻碍。

月底,菜菜看看自己的完美计划表只实行了一天,感叹道:"唉,学习太难了,怎么每天都有这么多困难呢?"

到了第二个月月初,菜菜把电脑里的英语学习计划表只改动月份,打印了一份,贴在了书桌上。这个月,她又只学习了一天,另外二十九天,每天都有层出不穷的困难阻挠她。

就这样,到了第二年,她的英语仍然毫无长进。学英语这件事太难了,她就放弃了。

她看着自己买的一堆书,都只熟悉了封面;买的口语教学视频,只看了五分钟;英语原声电影倒是跟着朋友们看了不少,但只熟悉了剧情,单词和句子一点没记;至于社群,她每天在群里冒泡聊明星八卦花边新闻。

这是不是像极了你?

别人是立长志,你是常立志,每个月、每一年,立的志向一模一样,因为你从来没有达到过目标。

你想要提高文学素养,买了一批经典作品,想着一周读一本。结果一年过去了,半本都没读完。你推脱说是因为工作忙,但如果你把刷手机的时间用来看书,一年能读完几百本。

你想要拥有小蛮腰马甲线,狠心攒钱买了健身房年卡,准备撸铁,朝着健身达人的目标进发。结果一年过去了,年卡过期了,你去那里不到五次。你说是因为健身房太远,早知道就报楼下那家贵的了。但你穿越整座城市去吃最爱的那家私房菜,怎么就不嫌远了呢？

你想要备考在职研究生，找了个家附近的自习室，觉得那里有一种学习氛围。结果迷上了一部好看的电视剧，每天到自习室的第一件事，就是翻开书，戴上耳机，开始看剧。

……

你总是说："太难了，为什么做事情这么难？看别人做事都轻轻松松，为什么只有我这么难？"

你在想放弃的时候，选择了咬牙放弃；而别人在想放弃的时候，选择了咬牙坚持。

如果你想知道毅力是什么样子，可以走进健身房。在那里，你会听见撸铁的人喊出声音。

我的健身教练张国微说："他们在尖叫，不是要放弃，而是要更努力。"

所有放弃都是悄无声息的。你的内心呐喊，是因为你不想放弃。

努力从来都是你自己的事情，是现在的你与你所期待的未来的你建立联系的唯一方式。

有些人总想着要轰轰烈烈地改变人生，改变命运，改变世界。其实真正勇敢的人，就是坚定不移地改变自己当下这一天的人。

从今天开始，你若能坚持做一件向目标努力的小事，就是走在改变命运的道路上了。

2

阿依是我见过的为数不多的狠人。

"狠"字怎么写？"狠"字少一点。狠人就是具有狠性特质的人，愿意为了某个目标竭尽全力，想尽办法。

阿依有非常忙碌的全职工作，还有两个女儿。她一直很喜欢阅读，工作几年之后，偶尔接触了写作，心里萌生了写小说的冲动。

可是，她白天上班，晚上陪娃，周末带孩子出去玩，根本没有时间。换作别人，肯定就放弃了。她却为了完成自己想写的小说，克服了重重困难。

没有时间怎么办？

她五点起床，立刻坐在书桌前开始写，一直写到六点钟。接着进厨房开始煮饭，与此同时，还打开一本书阅读。半小时后，她喊孩子起床、穿衣、洗漱。陪家人吃完早餐，她送孩子上学，自己去上班。

在公司争分夺秒吃完午饭，还留下一小时的休息时间，她就打开电脑，继续写。下午茶时间，她还是继续写。

晚上回到家，陪孩子吃饭、读书，哄孩子睡觉后，已经十点钟了，她扭开台灯，再写一个小时，十一点准时睡觉。

她从每天非常忙碌的工作日里，愣是挤出了三个多小时的写作时间。

没有素材怎么办？

工作忙，家庭忙，她没有时间外出，素材比较匮乏。为了解决这个问题，她在地铁上观察身边的人，观察他们的外貌、表情、衣着，推测他们的身份、工作、家庭、故事，一边观察，一边打开手机备忘录记下来。这些就成了她独一无二的宝贵素材。

周末,她和其他宝妈一起出去带娃游玩。大家聚在一起,聊聊家长里短和八卦,她把自己听到的事记录下来,补充进素材库。

就这样,她利用一切可以利用的时间,利用一切可以利用的素材,成功写出了自己的第一部小说。

"这么忙,压力这么大,还能做成了不起的事。"我夸她。

"还不是被逼的?自己的梦想,总得自己实现啊!时间都是挤出来的,办法都是想出来的,只要你真的想做,一切都可以实现。"阿依坚定地说。

后来的她,简直像开了挂:用一年时间摸清了写小说的规律,开启了网文写作的副业生涯。当网文收入超过了本职工作的薪水,她毅然决然地辞职,成为专业作者。

"我终于离开了不喜欢的工作,走向了自己热爱的生活。"她开心地给我发消息。

"你真是个狠人,想做什么都能成。"我回复。

你的身边是不是也有这样的狠人?

他们总是无声无息地做出一些让你震惊的事。

什么是狠人?

狠人舍得让自己跋山涉水,舍得让自己卧雪眠霜,舍得让自己摸爬滚打,舍得让自己跌打沉浮。他目光坚定,心无旁骛,遇妖杀妖,遇魔斩魔,下手精准,毫不心软。

因为他不想成为弱肉强食的社会中卑躬屈膝的俘虏,不想成为丛林法则中苟延残喘的阶下囚,不想成为垂死挣扎、任人宰割的俎上鱼肉。

对狠人来说，所谓苟活，便是身苟，心不苟。

他们可以忍一时的胯下之辱，可以低头识时务，可以破釜沉舟，可以卧薪尝胆，但他们从未忘记自己心中的目标。

狠人的反面，便是"软人"。

什么是"软人"？

对自己心太软，舍不得自己吃一丁点苦，舍不得自己吃一丁点亏，舍不得对自己下一丁点狠手，舍不得自己受一丁点委屈，只想躺在豌豆公主那二十层的绵软云被上，有吃有喝有人爱。

他们目光短浅，只能看到三米远，觉得现在吃苦就会吃一辈子苦，现在有难就会有一辈子难，现在受委屈就会受一辈子委屈。

恰恰错了。

吃不了暂时的苦，就要吃长久的苦；忍不了一时的难，就要忍一辈子的难；受不了暂时的委屈，就要受长久的委屈。

你只能安逸一阵子，无法安逸一辈子。如果你不自己找难受，那么别人就会让你难受。

狠人是愚公，即使一座大山横亘在目标途中，也要咬紧牙，坚定不移地一块石头一块石头去移动，直到搬离整座大山。

"软人"走路遇见几粒小石子，都要停下来坐在路边，抱怨说：哎呀走不动了，怎么这么多阻碍。

狠人不图一时安逸，他们图未来的星辰大海；"软人"不图宏伟大计，他们图眼下的悠然自得。

你呢？你图什么？

你是心软现在的自己，而置未来自己的安危于不顾，还是心狠现在的自己，只为给未来铺平道路？

"软人"只看一寸之地，狠人却拥有远望之目。一个看现在，一个看未来。

前者为了现在，可以牺牲光明的未来；而后者为了未来，可以忍受现在的不舒适。

面对困境，"软人"常说："啊，好难啊！""谁能帮帮我？""这题我不会呀。"

狠人常说："那我想想办法。""计划一下 plan A、plan B、plan C。""也许可以试试这个策略。"

面对挑战，"软人"常说："这已经超出我的能力范围了。""别人行，不代表我也行。""我不敢试，万一失败了，可不就是竹篮打水一场空嘛，浪费时间。"

狠人常说："试试就试试，谁怕谁？""万一没有做成，也没事，这是一次宝贵的经历。""我没什么可失去的，不就是付出一点时间和精力吗？闲着也是闲着。"

面对失败，"软人"常说："我就不是这个料。""这世界对我不公平。""还是别给自己找罪受了。"

狠人常说："这次失败就是排除了一个错误选项，让我知道这条路行不通。""多试几次，这次失败只是暂未成功而已。""一次不成，又不能定终身。"

面对嘲讽,"软人"常说:"这对我来说是一种侮辱。""我一定要报复他。""满脑子都是他的嘴脸,没办法做任何事了。"

狠人常说:"无所谓,他说的又不是事实。""这是他羡慕嫉妒我的情绪外化,跟我没关系。""我就专心做自己的事,让他继续嘲讽吧。"

面对成功,"软人"常说:"好开心啊,终于成功了。""真想告诉全天下的人我很厉害。""不想继续挑战了,万一下次失败了,那就太丢脸了吧。"

狠人常说:"成绩只是一时的,还有下一个高峰要爬。""我要复盘这次经历,把得失盘点出来,下次优化。""该定下一个目标了,继续前行。"

你对自己下狠手,世界给你以温柔。
你对自己很温柔,世界给你以狠手。
这几乎是定律。

这个世界上,最美的姿态不是芭蕾舞者轻盈的弹跳步,也不是站在领奖台上捧着鲜花鞠躬致谢,而是在枪林弹雨、刀光剑影中弓着背向前冲的奔跑姿态。这种倔强的、不屈的、韧性的、刚毅的姿态,才能为你赢得明天。

成功也好,失败也罢,都是经历罢了,莫看太重,就撸起袖子干吧。不管成败,你都会有所得。

18

困难远没有你想象的可怕

破局的力量来自你无所畏惧。

没有畏惧,就无挂碍。

不念输赢,你才拥有更强大的力量向前。

1

我的朋友山毛是一个勇敢打破束缚、不断突破极限的人。

她出生于偏远贫困山区。在那个重男轻女的年代,她从小酷爱读书,心中一直藏着走出大山上大学的梦。但梦想敌不过贫穷的现实,十七岁那年她不得不辍学,和同龄人一起去城里打工。

从此,辍学便成了她心里的一个黑洞。在漫长而又孤独的打工路上,她渐渐明白唯有读书才能改变命运。

辍学两年后,她有幸重返校园上大专,重启了读书梦。毕业之后的二十年里,她一边工作一边读书,先后走进深圳大学、华东师范大学、复旦大学、美国沃顿商学院。

经过多年坚持不懈的努力,她填补了辍学在心中留下的黑洞,提高了专业技能、管理能力和职业素养,实现了一次又一次晋升,人生的宽度、广度、深度发生了巨变。

她一直相信命运由我不由天。当年她为去复旦大学读书,毅然决然地放弃了晋升副总裁的机会，因为她相信不久的将来她还会得到这样的机会。

在复旦读书期间，她负责全新的业务板块。她没有任何相关的业务基础，没有技术产品，没有竞争优势，连团队都需要重新组建。

山毛说："挑战自我，突破极限，有时候就像一场赌博，赌市场，赌老板，也赌自己。"

这场赌博她赢了，她迅速把这个板块构建起来，第二年就做到了副总裁。

她经历过两次重要的跳槽，虽然都是在房地产行业，但每一次跳槽后都是做新的平台。

她的每一次选择，都是跳出职业舒适区，有纵向深耕，也有横向延展，不断突破业务瓶颈，不断突破能力天花板，不断突破人生限制。她说："我的成长和职业经历就像爬山一样，每一次选择都是从山底向上爬，一次次爬到顶峰，又一次次下山，从山底重新开始向上爬，循环往复。"

最近，她果断放弃了百万年薪，开启了自己的文学梦。

她的笔名山毛，源于她从小最爱的作家三毛。她喜欢三毛细腻的文字，期待自己也能写出优秀的文学作品。她又从零开始，大量阅读书籍，一点点练习写作，终于写出一部长达二十万字的小说《半山》。

一个从大山里走出来的女孩，没有家庭背景，没有学历背景，没有资源背景，手无寸铁，白手起家，却靠自己内心梦想的力量，一点点突破极限，成为公司总裁，实现了自己的读书和职业梦想。

她的不设限，在于一次次跳出舒适圈去挑战陌生领域，在于一次次突破自我极限触摸行业巅峰，在于我命由我不由天的执着无畏，在于勇往直前的拼搏逐梦。

心中有火，方可燎原。

眼中有光，天下莫敌。

很多人热衷于自我束缚，说自己的原生条件不好，说现在的大环境不行，把厚厚的茧缠绕在身上，睡在由茧构成的小窝里，以求安稳度日。任凭周围人摇晃，也不愿醒来，坚定地认为，只要自己不出来，就不用面对外界风雨，只要安心躲着，就可以当作无事发生。

你为什么要装睡？

你怕被这个时代抛弃，你怕陷入糟糕的境地，你怕精心营造的一切全都分崩离析。

你不敢直视遇见的困难，不敢直视自身的缺点，索性闭上眼睛，选择装睡。

装睡就是预设困境，放大障碍，自我囚禁，你却以为这是一种安全的自我保护措施。

装睡真的有用吗？难道不是掩耳盗铃吗？装睡，是对自我的精神麻痹，是对潜力的束缚压抑，是对自己人生的不负责。

这个世界不会因为你装睡而对你宽容和厚待，你反而蹉跎了自己的生命。

世界不会停止脚步，别人也不会等你同行，装睡只会让你落后。

等你清醒过来，发现自己既丢失了武器，又错过了成长，那些曾经远不如你的人如今也遥遥领先，再后悔，也来不及了。

我希望你大胆睁开眼睛，看清现实，不要麻痹自我，不要沉迷于想象。

破局最难的不是行动，也不是行动中遇见困难，而是在行动之前无止境地想象。

因为不敢看清局势，困难便在你的头脑中放大，远超现实。比现实困难更恐怖的，是心魔。

心魔是根深蒂固、难以战胜的。

我们可以解决现实中的困难，却无法破解想象中的困局。

你要在内心觉醒，不给自己的人生设限。

觉醒的背后是饱满的勇气，勇气的背后是你想要得到什么，以及你愿意为此承受什么。唯有入局，才能破局。你要看清局势，洞悉世界的真面目，才能制定好对应的决策。

走出困境的第一步就是正视它，敢于直面内心的恐惧和不安。要认真观察，承认现实，不要敷衍，不要为求心安而模糊情况；要主动接纳，即无条件地拥抱变化，哪怕这变化不如你意。

所有问题在产生的同时都伴随着解决之道。接下来，分析自己的优劣势，定下合适的目标，清晰地规划出抵达路径，剩下的便是一步步向前推动。

觉醒会给你带来正向的能量，增强你的生命力；而畏惧怯懦会给你带来负向的能量，削弱你的生命力。

希望大家都拥有觉醒的力量,无论在怎样的境地,都拥有积极应对变化的心态和主动选择的勇气。

2

我最爱的画家是墨西哥国宝级女画家弗里达。

她经受过命运最残酷的蹂躏肆虐——右腿萎缩、车祸骨折、怀孕流产、丈夫出轨、肾脏感染……但她从未对命运低头,反而一次次用最浓烈明艳的颜色,画出了顽强的生命力。

在本该无忧无虑的童年时光里,六岁的弗里达却患上了小儿麻痹症。自此,她的两条腿不一样长。为了掩饰这个缺点,她经常穿色彩浓烈的长裙。

在青春明媚的少女时期,命运又一次把她推下悬崖,十八岁的她遭遇了一场大车祸。车上的金属扶手穿透了她的身体,她的脊柱、肋骨、盆骨、腿脚都出现了严重骨折,还伤到了生殖系统。她全身被打上石膏,固定在床上,动弹不得。

弗里达终日盯着天花板,四下寂静,只有疼痛潮水般淹没她。黑暗并没有让她屈服,她在固定身体的石膏上,一笔一笔画上如鲜花般绽放的彩色蝴蝶。

这些绚烂的颜料有一种魔力,让惨白的石膏焕发出活力。那些振翅飞翔的蝴蝶,就是她的抗争和呐喊。

父亲见她喜欢画画,送给她一套绘画用具。她欣喜若狂,开始了一生的艺术生涯。

弗里达在床上躺了几年之后,奇迹般地康复了。她把这几年积攒的画作拿给墨西哥壁画大师迪亚戈看，让他点评。迪亚戈敏锐地发现了这些作品的特质，为之折服。

迪亚戈对她说："我画的都是外面的东西，而你画的是你内心的东西。"

弗里达以为迪亚戈就是自己的另一半灵魂。她身着圣洁婚纱，头戴金色花冠，满心欢喜地嫁给想要共度一生的人。

她迫切地想要一个孩子，怀孕三次却都流产了。她的身体再一次受到伤害，无法再生育。

然而经历过两次婚姻的迪亚戈风流成性，一次又一次出轨。而她也一次次选择包容和原谅。直到迪亚戈跟弗里达的妹妹偷情，忍无可忍的她终于与迪亚戈离婚。

离婚之后，弗里达对迪亚戈说："你已经成为我的伙伴、我的艺术家、我最好的朋友，但你从来没有成为我的丈夫。"

她本来全身心地投入这场爱情，受伤之后，意识到孤独才是人生的本质，没有另外一个人能够长久地陪伴自己。

精神上的痛苦却成了创作最好的灵药，她在离婚之后画下了著名的《两个弗里达》。

波伏娃在《第二性》中讽刺说："女人吗？这很简单，喜欢简化公式的人这样说，女人是一个子宫、一个卵巢；她是'雌的'，这个词足以界定她。……'雌的'一词是贬义的，并非因为它把女人根植于自然中，而是因为它把女人禁锢在她的性别中。"

但弗里达显然没有把自己禁锢在女人的性别中。她没有剃掉带着男人英气的一字眉，也没有放弃属于女人的漂亮耳饰。她坚韧而又柔软，奔放也内敛。男性的坚毅和女性的柔美在她的身上融为一体，她从来不给自己一个限定的框架。

有人说她的作品是超现实主义，她反驳说，自己画的都是现实，从来都是直接画下显示于大脑的东西，不做任何修饰。

她一生创作最多的是自画像，共计55幅。

为什么要创作自画像呢？她说："我画我自己，是因为我常常是孤独的，是因为我是我最了解的主体，我只是在尽我所能地做到诚实而坦率地表现我自己。"

1954年7月13日，弗里达的灵魂从破败不堪的身体中破出，羽化成蝶，告别了这个让她爱、让她痛的世界。

那些经常说自己很痛苦的人，比弗里达经历的痛苦还多吗？为什么在如此苦难的人生中，她还能达到极致的辉煌？

在灼烧的烈火赤焰中起舞，在命运的死亡边缘行走，她从未说过自己不行。

她在流产之后，创作了《亨利·福特医院》。画上，孤独无助的她躺在一张大床上，与之相连的是六根红线，分别连接着婴儿、蜗牛、盆骨、兰花、机器、石膏模型。这些元素无不体现了她的悲伤和痛苦，她想要成为一个母亲，却一次次遭受打击。

自我认知、肉体残缺、精神痛苦是她作品的主题。在她的绘画中，出现最多的意象是刺穿的肉体、裸露的心脏、流淌的血液、残缺的器官，这些都是她痛苦的自我认知。

苦难不是她自怨自艾的借口，不是她自甘堕落的借口，她把苦难升级为了艺术。

她踩着命运的画布，以苦难为画笔，将灵魂深处的血与泪，一笔一画刻画得淋漓尽致。

命运锁住了她的咽喉，她却冲出命运的桎梏，自由行走在人间。

现实生活中，很少有人经历如此沉重的苦。

你的苦是什么？

是为了通过英语考试，长时间背单词、练口语、刷习题的苦；是为了升职加薪，主动工作、突破业绩的苦；是为了攒钱买房，而开源节流的苦；是为了身体健康，管住嘴、迈开腿的苦；是为了变得优秀，放弃娱乐、主动学习的苦……

这些苦，远远低于弗里达承受的肉体和精神之苦。

然而做这些，对你而言都太苦了，远不如放松来得舒服。

你不想苦练英语，所以无法完成考试；你不想为工作付出，所以无法升职；你不想节衣缩食，所以买不到自己的房；你不想管住食欲，所以无法瘦身；你不想主动学习，所以注定平庸……

你不承认自己不想吃苦，因此在内心设置了很多限制性信念：就算我再努力，也不会考好，职场也不会顺利，房子也买不起，也减不掉肥，不会变得优秀……

这就是限制性信念：在付出辛劳之前主动放弃，就不用为结果负责。

"反正我也达不到，何必白白浪费时间与精力呢？"于是，你心安理得地接受自己的平庸与普通。

摩西奶奶七十六岁开始拿起画笔，一举成名；王德顺七十九岁还能帅气走 T 台，惊艳观众。

而你呢？年纪轻轻，暮气沉沉；阅历不深，厌世挺重。明明就是一个小石块，生生被你说成了千重山；明明就是一个小洼槽，生生被你想成了大沟壑。

和弗里达一样饱受疾病困扰的作家史铁生说："生命就是这样一个过程，一个不断超越自身局限的过程。这就是命运，任何人都是一样。在这个过程中我们遭遇痛苦，超越局限，从而感受幸福。"

当你把艰难当成前进的养分，把苦难当作上升的踏板，把阻碍当成淬炼的燃料，那么，你的思维就能完全转换过来。你知道每个人的人生中，都有这样痛苦的时刻，也都有自我设置的局限，但是，你会一次次看破局限、突破局限、超越局限，变成全新的自我。

你要像一粒种子，一次次突破障碍去生长。

种子是非常有韧劲的，在山间、崖隙、流水旁，都可以成功突破阻力，迸发出蓬勃的生命力。向上是它们唯一的追求，为此可以付出所有的力量。拥有这种坚韧的力量，才能百折不挠。

我非常喜欢这段话："每当我遇到人生中不敢直面的困难时，我会闭上双眼，想象自己已是一个八十岁的人，为人生中那些曾经逃避过的无数困难懊悔不已。而这时，我最大的愿望就是再年轻一次。我睁开双眼，砰！我已再一次年轻啦！"

就把每个今天当作宇宙让你从耄耋之年重返年轻的一次珍贵机会。

你从八十岁重返今日，什么是你未竟的梦想？什么是你年迈时的遗憾？

从你生命终结的那天回顾，对你而言，最重要的事情是什么？

你的使命是什么？你的人生价值是什么？

人生也许不过 1000 个月，听起来很长，走起来很快。

很多人总是说："等等吧，来日方长。"来日真的很长吗？

有没有哪个瞬间，你觉得明明是昨天的记忆，细细算来，却是很多年前的事情了。

鸡毛蒜皮中，还记得年轻时意气风发的梦想吗？

厨房锅灶间，有没有觉得自己和别人不一样？

熙熙攘攘中，有没有那么一瞬间觉得自己不该只过这样的人生？

不要等到人生即将结束，才幡然醒悟，自己还有梦未曾实现。

年轻时给自己找了很多冠冕堂皇的借口：我没有天赋，我没有时间，我没有条件，我要生存，我要养家糊口……

闭上眼睛，八十岁的你，回想起因为这些借口而逃避梦想，不会感到遗憾吗？

用以终为始的思维，来推演自己的人生使命。

由内而外，生发力量，打破自己、他人、社会强加给你的束缚，去挑战你的人生极限吧。

后记

你拿什么献给饱含热泪的生活？

六岁时，你发现隔壁家小孩总是有各种各样的零食吃，而你没有，你突然明白了什么叫作家庭差距。

十岁时，你知道了世界之大，你想要快快长大，长大就可以不受父母约束，你可以过自由的人生。

十五岁时，你早恋了，父母威胁你的话是"再谈恋爱，就别上学了，赶紧去结婚"，你害怕了，因为上学是你走出小镇、改变命运的唯一机会。

十八岁时，你发现朋友拿着父母给的旅行基金去周游各地，而你只能打三份零工周游本地，因为大学学费还需要你自己攒。

十九岁时，你以两票之差落选，你跑到没有人的角落痛哭了一场，因为你本指望用奖金当作伙食费。

二十二岁时，你在考研与工作之间选择了后者，因为父母年纪大了，你上了十六年的学，是时候回报他们了。

二十五岁时，你加班到深夜十二点，走在国内最繁华的城市里，万家灯火没有一盏为你而亮，你算了算房价，一辈子也买不起。

二十八岁时，你回到老家，看到发小的肚子又鼓起来，是第三胎，她的大女儿已经十岁了，而你依然单身。

三十岁时，你放弃了爱情幻想，和相亲对象结婚，两个人花光了积蓄以及双方父母的四个口袋，才在这个大城市付了一个45平米老破小的首付，但你觉得终于安定了。

三十一岁时，你白天上班，晚上育儿，一半工资还银行贷款，一半工资给育儿嫂，你的口袋空空，抱着怀里嗷嗷待哺的婴儿，你突然迷茫了，不知道为什么而工作。

三十二岁时，你面对至亲的离去，才真正看见人的生命是有尽头的，每个人的终点都是死亡。

三十三岁时，你生了二胎。你不敢生病，怕花不起医药费；不敢辞职，怕还不起房贷；甚至不敢吵架，因为没有那个时间。你把自己活成了陀螺，在工作与家庭之间拼命旋转。

三十四时，你突然感觉什么也没做，就已经奔四了。偶然遇见十五岁时喜欢的那个男生，发现他已经有秃顶迹象了。

三十五岁时，女儿问你："妈妈，你喜欢做什么？"你茫然摇头，回答不上来，因为这半生，你好像从来没有为自己而活过。你突然想起了十岁时的梦想——长大后过上自由的人生。你长大了，可你没有尝到自由的味道。

什么是自由的味道？

是晚上听会儿音乐、看部电影。可是你不行，你不是在加班，就是在带娃。

是一个人周末随便走走的享受。可是你不行，两个孩子没有人管。

是假期飞到另一个城市小住几天。可是你不行，那样的话家里就乱翻天了。

是想买什么就买什么。可是你不行，你又要供银行，又要养孩子。

是重新捡起自己的爱好。可是你不行，你挤不出一丁点空闲。

小时候，你觉得不自由，渴望长大；长大后，你才发现，小时候最自由。

上学时的课间，你趴在一摞练习册上闭眼休息，身旁是前后桌的打闹嬉戏声，窗外是蝉鸣声声的夏天。你憧憬着：我以后的人生是什么样子？我能做出什么样的贡献？

后来，你融入社会，面目模糊，泯然众人，和甲乙丙丁戊己庚没有区别。

你追求的是别人赞赏的目标，过的是别人喜欢的生活，做的是别人肯定的工作，你淹没在别人的世界中，不敢发出半点异样的声音与光彩。

小时候你觉得，人就得活出点名堂；现在你觉得，能活着就不错了。

你把自身携带的无价溢彩珍珠换成了普世标品的玻璃珠，隐藏了梦想。

你过上了主流价值观认可的人生：定居城市，工作稳定，有车有房，儿女双全。妥妥人生赢家。

父母觉得你过得挺好，朋友觉得你过得挺好，路人觉得你过得挺好。

那你自己呢？你觉得自己过得好吗？

你感觉心里的火苗在隐隐灭去，感觉血流的速度在慢慢减缓。

你感觉自己生活在玻璃罩下的空间里，活在虚假的"楚门的世界"中。玻璃罩外的人路过，冲你微笑，你缺着氧，还要挤出笑容礼貌回应。

你感觉沉重压抑，感觉透不过气，感觉无趣乏味。可是你不能说、不敢说、不想说。你若说与别人听，别人要么说你在自寻烦恼，要么说你在变相炫耀。

你又时常感到害怕：怕你没有同龄人优秀而被比下去；怕自己没有打好手里这副牌；怕自己过不好这一生，成为别人口中的笑柄；怕自己永远生活在波涛汹涌中；怕不被他人认可，不被他人喜欢；也怕自己无法成为自己喜欢的样子。

你有没有想过，你究竟想过怎样的一生？

半夜三更失眠，辗转反侧睡不着的时候，你其实想过。

你想起了十岁的梦想：你想要过自由的一生。可是，你困在公司的格子间，困在家庭厨房里，困在人生漩涡中，你无法逃脱，你不知道该怎样行动。

你一直在承担责任。作为子女，你承担着赡养父母的责任；作为父母，你承担着养育子女的责任；作为爱人，你承担着陪同伴侣的责任。你对自己承担什么责任呢？

在无数与菜贩讨价还价买菜以及洗菜切菜炒菜的间隙，你都能回想起十八岁课间休息时浮现在脑海的问题：我以后的人生是什么样子？我能做出什么样的贡献？

你的理想在网店比价的琐碎中渐渐磨灭，你的志向在深夜加班的疲惫中逐渐模糊，你的傲气在昂贵的房价跟前被迫低头，你的骨气在婴儿的啼哭声中经受考验。你的生命仿佛是一滴露珠，太阳一晒，随时都要蒸发。为了维持须臾的喘息，你已经用尽了全部力气。

回过神来，你摇摇头，觉得自己可笑。当时还是太年轻了，想的是为社会奉献自我；而今却迷失在自家的柴米油盐间，终于也成了一个庸庸碌碌的人。

你低头瞥了一眼手里已经洗了一遍的菜叶，发现上面有只青虫，你娴熟地捏住它，丢进了垃圾桶。

青虫丢在桶底的那个瞬间，你的心里陡然生出巨大的叹息与苍凉的悲哀：从出生至今，我一事无成。

你觉得自己来这一世，不该如此寂静。如果你的生命消失，除了你自己的孩子，还有谁记得你？就像一滴水融入大海，无声无息。那你用尽全力活的这么多年，意义又在哪里呢？

斯坦福大学教授亚隆在《存在主义心理治疗》中，提出了四个人生终极问题：不可避免的死亡、内心深处的孤独感、我们需要的自由，还有一点是，也许生活并无一个显而易见的意义可言。

几乎所有人的痛苦都囊括在这四个问题里。死亡是每个人殊途同归的终点，孤独是每个人内心潜伏的小兽，自由是每个人望眼欲穿的渴望，意义是每个人无法逃脱的困惑。

但正是这些痛苦的存在，激发了我们自身更强烈的掌控欲、征服欲、创造欲。

知晓死亡，我们才备感紧迫与珍惜；拥有孤独，我们才得以与自我建立坚实的内在联结；渴求自由，我们才有了奋发的目标与动力；探索人生意义，才让人类生生不息、代代相传。

  网络上有这么一段话警醒了许多人：
  我不怕在这个坏时代中沉默，
  怕只怕，我和很多人一样，
  醉心于愤恨与狂欢，
  不去读书，不去思考，
  学不会倾听和宽容，
  以至于有一天，
  当好的时代来临时，
  我发现自己两手空空，
  被厌倦与悲凉拖垮了身体，
  竟然拿不出任何像样的东西，
  献给饱含热泪的生活。

  你拿什么献给饱含热泪的生活？
  你拿什么献给饱含热泪的生活？
  你拿什么献给饱含热泪的生活？
  三声沉重的叩问，叫醒了你体内十八岁少年的清澈灵魂。
  生命未熄，你便不晚。
  你依然有选择自己态度的自由，依然有选择自己想要的生活的自由，依然有奔赴梦想的自由。

带着不屈的开创力，带着蓬勃的生命力，勇敢地挑战这个世界，释放自己的能量，去影响更多的人，去开拓属于自己的广阔疆土和辉煌王国。

奔跑吧，持续奔跑吧，你真正追求的并非抵达那个最终的目的地，而是在奔跑不息的过程中，重新体验到骨骼的坚韧力量、血液的澎湃流动、汗水的激情温热，它们共同谱写着属于你的精彩人生篇章。

我愿拿汗水、泪水、血水，献给我饱含热泪的生活。

图书在版编目（CIP）数据

余生很贵，努力活成自己想要的样子 / 无戒，杜培培著. -- 北京：新世界出版社，2024.10（2025.5 重印）-- ISBN 978-7-5104-7961-8

Ⅰ.B821-49

中国国家版本馆 CIP 数据核字第 2024RF0466 号

余生很贵，努力活成自己想要的样子

作　　者：无　戒　杜培培
责任编辑：董晶晶
责任校对：宣　慧　张杰楠
装帧设计：贺玉婷
责任印制：王宝根
出　　版：新世界出版社
网　　址：http://www.nwp.com.cn
社　　址：北京西城区百万庄大街24号（100037）
发 行 部：(010)6899 5968（电话） (010)6899 0635（电话）
总 编 室：(010)6899 5424（电话） (010)6832 6679（传真）
版 权 部：+8610 6899 6306（电话） nwpcd@sina.com（电邮）
印　　刷：天津中印联印务有限公司
经　　销：新华书店
开　　本：787mm×1092mm　1/32　尺寸：145mm×210mm
字　　数：180千字　印张：7.5
版　　次：2024年10月第1版　2025年5月第2次印刷
书　　号：ISBN 978-7-5104-7961-8
定　　价：49.00元

版权所有，侵权必究
凡购本社图书，如有缺页、倒页、脱页等印装错误，可随时退换。
客服电话：(010)6899 8638